6
1964

Faserforschung und Textiltechnik

WISSENSCHAFTLICH-TECHNISCHE ZEITSCHRIFT
FÜR DIE CHEMIEFASER- UND TEXTILINDUSTRIE

BEGRUNDET VON
ERICH CORRENS UND WALTER FRENZEL

HERAUSGEGEBEN VON ERICH CORRENS –
WOLFGANG BOBETH – HANS BÖHRINGER – HERMANN KLARE

AUS DEM INHALT

AKADEMIE-VERLAG BERLIN

Faserforsch. u. Textiltechn. · 15. Jahrg. · Heft 6 · Seiten 243—282 · Berlin im Juni 1964

VEB CHEMISCHE WERKE
BUNA
NOWI
T 151

Faserforschung und Textiltechnik

6
1964

WISSENSCHAFTLICH-TECHNISCHE ZEITSCHRIFT FÜR DIE CHEMIEFASER- UND TEXTILINDUSTRIE

BEGRÜNDET VON
ERICH CORRENS UND WALTER FRENZEL

HERAUSGEGEBEN VON E. CORRENS – W. BOBETH – H. BÖHRINGER – H. KLARE

SCHRIFTLEITER J. BRÄMER

INHALT

Die Zeitschrift „Faserforschung und Textiltechnik“ erscheint monatlich in Heften zu 48 Textseiten im Format A 4. Der Preis für das Einzelheft beträgt DM 9,–, für den Vierteljahrbezug DM 27,– zuzügl. Bestellgeld. Die Berechnung erfolgt zu Beginn eines Vierteljahrs für 3 Hefte. Bestellungen aus dem Gebiet der Deutschen Demokratischen Republik an ein Postamt, eine Buchhandlung oder den Verlag, aus der Deutschen Bundesrepublik an eine Buchhandlung oder die Auslieferungsstelle Kunst und Wissen, Erich Bieber, Stuttgart S, Wilhelmstraße 4–6, aus dem Ausland an eine Importbuchhandlung, den Deutschen Buch-Export und -Import, GmbH., Leipzig C 1, Postschließfach 276, oder den Akademie-Verlag GmbH., Berlin W 8, Leipziger Str. 3–4 (Fernruf: 220441; Telex-Nr. 011773; Postscheckkonto 35021) erbeten. Bestellnummer dieses Heftes: 1014/15/6. Alleinige Anzeigenannahme DEWAG-WERBUNG, Berlin C 2, Rosenthaler Str. 28/31, und alle DEWAG-Betriebe in den Bezirksstädten der DDR.

Bestellungen in der UdSSR nehmen entgegen: Städtische Abteilungen von „SOJUZPECHATJ“ bzw. Postämter und Postkontore.

Herausgeber und verantwortlich für den Inhalt: Prof. Dr. Erich Correns, Institut für Faserstoff-Forschung der Deutschen Akademie der Wissenschaften zu Berlin, Teltow-Seehof, Fernruf: Teltow 4431; Prof. Dr.-Ing. habil. Wolfgang Bobeth, Institut für Technologie der Fasern der Deutschen Akademie der Wissenschaften zu Berlin, Dresden A 1, Hohe Str. 6, Fernruf: Dresden 40837; Prof. Dr.-Ing. Hans Böhringer, Institut für Textiltechnologie der Chemiefasern Rudolstadt, Fernruf: Rudolstadt 2031; Prof. Dr. Hermann Klare, Institut für Faserstoff-Forschung der Deutschen Akademie der Wissenschaften zu Berlin, Teltow-Seehof, Fernruf: Teltow 4431. Schriftleiter: Joachim Brämer, Teltow-Seehof, Kantstr. 55. Verlag: Akademie-Verlag GmbH., Berlin W 8, Leipziger Str. 3–4. Satz und Druck: Druckhaus „Maxim Gorki“, Altenburg. – Veröffentlicht unter der Lizenznummer 1280 des Presseamtes beim Vorsitzenden des Ministerrates der Deutschen Demokratischen Republik.

Manuskriptsendungen von chemischen Beiträgen sind an die Herren Prof. Dr. Correns oder Prof. Dr. Klare, von technologischen Beiträgen an die Herren Prof. Dr. Bobeth oder Prof. Dr. Böhringer zu richten. Für Inhalt und Form gelten die „Richtlinien für die Annahme und Abfassung von Beiträgen“, erhältlich von der Schriftleitung. Die Verfasser größerer wissenschaftlicher Arbeiten erhalten außer dem Honorar ein Heft und 50 Sonderdrucke ihrer Arbeit unentgeltlich.

Faserforschung und Textiltechnik

WISSENSCHAFTLICH-TECHNISCHE ZEITSCHRIFT FÜR DIE CHEMIEFASER- UND TEXTILINDUSTRIE

Band 15 | Juni 1964 | Heft 6

Ein Modell für die Kurzfaser-Längenverteilung bei geschnittenen Chemiefasern

Wolfgang Richter und Siegfried Ganzer

Mitteilung aus dem II. Institut für Angewandte Mathematik (Mathematische Statistik) der TU Dresden

DK 677.4—042.1(086.5):519.2

Bei der Herstellung von Chemiefasern werden Bündel von endlosen Elementarfäden (Spinnkabel) mit Schneidvorrichtungen in Fasern begrenzter, einheitlicher Länge zerschnitten. Dabei fällt ein bestimmter Anteil von zerrissenen, also kurzen Fasern an, die sich bei der Weiterverarbeitung störend bemerkbar machen. Es wird ein mathematisches Modell angegeben, das den Zerreißvorgang hinreichend genau widerspiegelt. Dies führt zu einer bestimmten Wahrscheinlichkeitsverteilung der „kurzen" Fasern.

Модель распределения коротких волокон по длине в химических волокнах после резки

В процессе производства химических волокон происходит разрезание пучков бесконечных элементарных нитей (жгутов) на штапель ограниченной одинаковой длины при помощи режущих устройств. При этом получается определенное количество рваных, т. е. коротких волокон, затрудняющих дальнейшую переработку штапельного волокна. В статье приводится математическая модель, отражающая процесс разрыва с достаточной точностью. При применении этой модели возможно получение определенного распределения вероятностей „коротких волокон".

A Model of the Length Distribution of Short Fibres in Man-made Staple Fibre Assemblies

In the production of man-made staple fibres, the bundles of continuous filaments (tows) are cut into fibres of limited uniform length by means of cutting devices, which results in a certain quantity of ruptured or shorter fibres provoking troubles in further processing. A mathematical model is presented that reflects the rupture process and leads to a probability distribution of short fibres.

1 *Einführung*

Der statistischen Auswertung der Längenmessung an geschnittenen Fasern ist bisher eine ganze Reihe von Arbeiten gewidmet. Es sei hier besonders auf die Arbeit [2] verwiesen, die ihren Niederschlag in der TGL 0–53 808 findet. Wir bedienen uns in der vorliegenden Arbeit der dort eingeführten Bezeichnungen und Begriffe. Man unterscheidet ganz grob drei Längenbereiche der geschnittenen Fasern (siehe [2] S. 488). Ziel der statistischen Auswertung von Längenmessungen ist vor allem eine getrennte Erfassung der drei Bereiche. Der Bereich der zu langen Fasern soll hier vollkommen außer acht gelassen werden. Es soll versucht werden, ein Modell für die Entstehung der Verteilung der kurzen Fasern anzugeben und daran Schlußfolgerungen für die Trennung des Kurzfaseranteils von der Grundverteilung anzuschließen. Die Aufgabenstellung stammt aus dem Dresdner Institut für Technologie der Fasern der DAW. Eine ausführliche Behandlung des Modells und die Ableitung der Verteilungen findet man in der Arbeit [3]. Die Längenverteilung bei Naturfasern unterliegt ganz anderen Gesetzmäßigkeiten (siehe z. B. [1]). Hier wird darauf nicht eingegangen.

2 *Die Längenverteilung geschnittener Fasern*

Die Nennlänge der Fasern ergibt sich am Schneidwerkzeug aus der Geschwindigkeit des Spinnkabeltransports und der Messerdrehzahl. Jedoch haben die geschnittenen Fasern schließlich unterschiedliche Längen, und die durchschnittliche Länge weicht von der Nennlänge ab. Das liegt einerseits an der Schrumpfung. Das Kabel wird fast immer naß geschnitten. Beim nachfolgenden Trocknen schrumpfen die Fasern um einen geringen, für die einzelnen Fasern nicht genau gleichen Betrag. Zum anderen wirken verschiedene andere Einflüsse, wie geringe bleibende Elementarfadendehnung beim Schneiden, geringes Rutschen von Elementarfäden im Spinnkabel oder des ganzen Kabels beim kraftschlüssigen Transport zum Schneidwerkzeug.

Die Wahrscheinlichkeitsverteilung der Länge der geschnittenen Fasern läßt sich in manchen Fällen recht gut durch eine Normalverteilung beschreiben. Es sind aber genauso viele Beispiele bekannt, bei denen die „Grundverteilung" wesentlich von einer Normalverteilung abweicht, einfach schon durch das Auftreten mehrerer „Gipfel" in dem Häufigkeitsschaubild. Wir wollen aber für das Folgende zunächst von dieser Gegebenheit absehen und annehmen, die Länge aller Fasern nach dem Schneiden sei gleich einer bestimmten Konstanten l.

Durch die Weiterverarbeitung wird ein gewisser Anteil der Fasern zerrissen (Faserbruch). Praktisch interessiert der Anteil der Fasern, deren Länge unterhalb eines Grenzwerts l_k liegt. Diesen könnte man ermitteln, wenn man die Gestalt der Längenverteilung der zerrissenen Fasern und den Anteil der zerrissenen Fasern an der Gesamtverteilung kennen würde. Wir wollen uns daher der Frage zuwenden, wie diese Längenverteilung zu ermitteln wäre.

3 *Das Modell für die Entstehung der zerrissenen Fasern*

Gewöhnlich wird bei der Ermittlung einer theoretischen Wahrscheinlichkeitsverteilung der folgende Weg eingeschlagen. Man versucht, das vorliegende empirische Material an eine der bekannten Verteilungen, vornehmlich an die Normalverteilung, anzugleichen, und gibt sich damit zufrieden, wenn ein entsprechender statistischer Test (etwa der χ^2-Test oder der *Kolmogoroff*-Test) keine Ablehnung der aufgestellten Hypothese ergibt. Dieser Weg kann u. U. zu groben

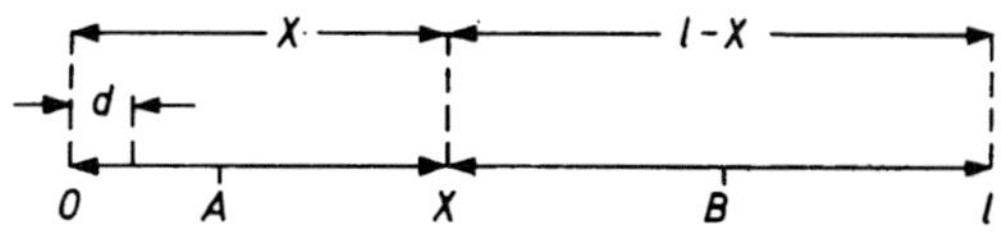

Bild 1. Schema eines Faserrisses

Fehlschlüssen führen, wenn man nicht außerdem Überlegungen darüber anstellt, ob die betreffende Verteilung dem physikalischen Sachverhalt nach überhaupt auftreten kann. Daher sollte man in jedem Fall, in dem dies überhaupt möglich ist, einer zweiten Möglichkeit den Vorzug geben, nämlich ein mathematisches Modell für die untersuchte Erscheinung aufzustellen, daraus die theoretische Form der Wahrscheinlichkeitsverteilung der Merkmale abzuleiten und nachträglich dieses Ergebnis den empirisch ermittelten Daten gegenüberzustellen. Das Modell soll die wesentlichen Teile der Erscheinung erfassen und von den unwesentlichen absehen. Bei der Gegenüberstellung des Ergebnisses mit den Meßdaten stellt man meist schon fest, ob man wirklich alle wesentlichen Seiten der Erscheinung erfaßt hat. Wenn nicht, wird man das Modell verfeinern müssen, bis man eine hinreichend gute Übereinstimmung zwischen theoretischem und praktischem Resultat feststellt (vgl. hierzu auch [4]).

Als wesentlich stellen wir zunächst folgende Punkte zusammen (Bild 1):

a) Alle Fasern, die zerrissen werden, haben die gleiche Länge l.
b) Beim Zerreißen entstehen aus einer Faser der Länge l eine Faser der Länge x und eine Faser der Länge $l - x$.

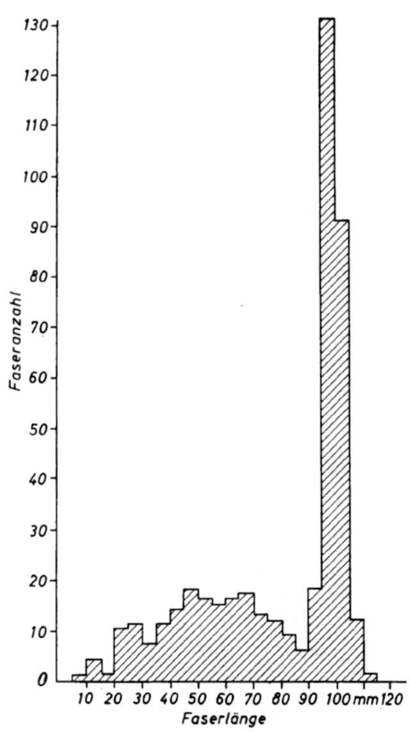

Bild 2. Häufigkeitsdiagramm der Einzelfaserlängenmessung

Tabelle 1. Empirische Verteilung der Faserlängen bei einer Probe aus Kammzug Nm 2400

Klasse K_i	Klassengrenzen [mm]	Faseranzahl z_i	Klasse K_i	Klassengrenzen [mm]	Faseranzahl z_i
K_1	0... 5	0	K_{13}	60... 65	16
K_2	5...10	1	K_{14}	65... 70	17
K_3	10...15	4	K_{15}	70... 75	13
K_4	15...20	1	K_{16}	75... 80	12
K_5	20...25	10	K_{17}	80... 85	9
K_6	25...30	11	K_{18}	85... 90	6
K_7	30...35	7	K_{19}	90... 95	18
K_8	35...40	11	K_{20}	95...100	131
K_9	40...45	14	K_{21}	100...105	91
K_{10}	45...50	18	K_{22}	105...110	12
K_{11}	50...55	16	K_{23}	110...115	1
K_{12}	55...60	15	K_{24}	115...120	0

Gesamtanzahl der Fasern $n = 254$

c) Die Kräfte, die das Zerreißen bewirken, greifen punktförmig in zwei Punkten A und B an. Die Rißstelle sei mit X bezeichnet. A, B und X sehen wir als Zufallsgrößen an.
d) Mehrfaches Reißen komme so selten vor, daß wir es vernachlässigen wollen.

Hinsichtlich der zufälligen Natur der Zufallsgrößen A, B und X erscheinen daher folgende Modellannahmen gerechtfertigt:

e) A und B seien unabhängig voneinander. Beide seien gleichmäßig auf dem Intervall (0,1) verteilt.
f) X sei bei festen Werten von A und B gleichmäßig auf dem zwischen beiden Werten liegenden Intervall verteilt.

4 Die Verteilung der zerrissenen Fasern

Ausgehend von den beiden Bedingungen e) und f) berechnet man (siehe [3]) folgende Verteilungsdichte der Länge X zerrissener Fasern:

$$f(x) = \begin{cases} -\dfrac{2x}{l^2} \ln \dfrac{x}{l} - \dfrac{2(l-x)}{l^2} \ln \left(\dfrac{l-x}{l}\right), & \text{falls } 0 \leqq x \leqq l \text{ ist} \\ 0 & \text{für alle übrigen } x \end{cases} \tag{1}$$

Durch Integration erhält man daraus folgende Form der Verteilungsfunktion von X:

$$F(x) = \begin{cases} 0 & \text{für } x \leqq 0 \\ \dfrac{x}{l} - \dfrac{x^2}{l^2} \ln \dfrac{x}{l} + \left(1 - \dfrac{x}{l}\right)^2 \ln \left(1 - \dfrac{x}{l}\right) & \text{für } 0 \leqq x \leqq l \\ 1 & \text{für } x > l \end{cases} \tag{2}$$

Wir betrachten ein Beispiel. Mit dem WIRA-Verfahren ergaben sich bei einer Probe aus Kammzug Nm 2400 die in Tabelle 1 angegebenen Meßwerte. Die Länge l ist hier gleich 100 mm. Aus dem Häufigkeitsdiagramm (Bild 2) erkennt man deutlich, daß die Gesamtverteilung in zwei Teile zerfällt. Um den Vergleich mit der Formel (1) durchführen zu können, müßte man diese empirische Verteilung einwandfrei in die beiden Bestandteile zerlegen können. Dies ist jedoch nicht möglich. Man kann folgendermaßen vorgehen. Aus der unter 3 im Punkt b) erwähnten Symmetrieüberlegung

Tabelle 2. Korrigierte Verteilung der Längen zerrissener Fasern

Klasse K_i	Faseranzahl z_i	relative Häufigkeit [%]	Klasse K_i	Faseranzahl z_i	relative Häufigkeit [%]
K_1	0	0	K_{11}	16	8,89
K_2	1	0,56	K_{12}	15	8,33
K_3	4	2,22	K_{13}	16	8,89
K_4	1	0,56	K_{14}	17	9,44
K_5	10	5,56	K_{15}	13	7,22
K_6	11	6,11	K_{16}	12	6,67
K_7	7	3,89	K_{17}	9	5,00
K_8	11	6,11	K_{18}	4	2,22
K_9	14	7,78	K_{19}	1	0,56
K_{10}	18	10,00	K_{20}	0	0

Gesamtanzahl der Fasern: 180

Tabelle 3. Beobachtete Häufigkeiten des Auftretens einer Minimallänge d

Klasse	Klassengrenzen	Anzahl
K_1	0... 5	5
K_2	5...10	19
K_3	10...15	3

wird man für die Kurzfaserlängen die korrigierte empirische Verteilung nach Tabelle 2 angeben.

Bild 3 zeigt die relativen Häufigkeiten dieser Verteilung über den einzelnen Klassen. Zum Vergleich mit der sich aus dem Modell ergebenden Verteilung findet man dort auch die nach (1) berechnete Dichte $f(x)$ eingezeichnet, multipliziert mit der Klassenbreite $c = 5$ mm (ausgezogene Linie).

5 Erste Verfeinerung des Modells

In Bild 3 stellt man fest, daß die sich aus dem Modell ergebende Vergleichskurve an den Rändern der Verteilung (besonders über den Klassen K_1 bis K_4 und K_{18} bis K_{20}) wesentlich überhöht ist. Eine Durchsicht einer Vielzahl von Protokollen der Einzelfaserlängenmessung zeigt, daß dies allgemein so ist. Die ersten drei Klassen sind sehr schwach besetzt. Genauer beobachtet man, daß die kleinste gemessene Faserlänge immer noch ein Mehr-

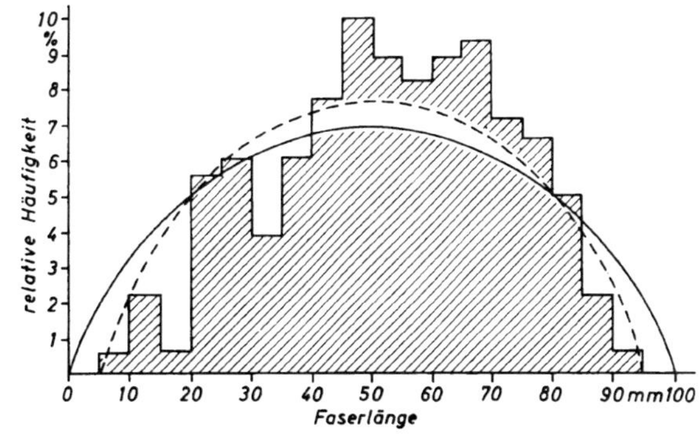

Bild 3. Zum Vergleich der empirischen Kurzfaserlängenverteilung mit den Verteilungen (1) und (3), die aus dem Modell entstehen: $5f(x)$ (nach Formel (1)) $5\bar{f}(x)$ (nach Formel (3))

faches der mit dem benutzten Meßverfahren feststellbaren (positiven) Minimallänge beträgt.

Tabelle 3 zeigt, in wie vielen von 27 Meßprotokollen bei Kammzug Nn 2800 bzw. Nn 2400 aus dem Jahre 1962 die erste besetzte Klasse der Längenbereich von 0 bis 5 bzw. 5 bis 10 oder 10 bis 15 mm war. Bei Krempelband ergeben sich ähnliche Verhältnisse.

Rein physikalisch läßt sich diese Erscheinung auch durchaus verstehen. Das Reißen einer Faser geschieht stets *zwischen* den Angriffspunkten zweier Kräfte. Das sind aber keine Punkte im mathematischen Sinne, sie erfassen stets einen ganz bestimmten Abschnitt der Faser. Es erscheint daher sinnvoll anzunehmen, daß die Verteilung der Länge X zerrissener Fasern einen Parameter d enthält, der von dem betreffenden Arbeitsgang und von dem physikalischen Zustand der Fasern (z. B. auf der Krempel von der Häkchendichte und auch von der Kräuselung der Fasern) abhängt. Nimmt man als Schätzwert der Größe d die kleinste beobachtete Faserlänge (in unserem Beispiel etwa $d = 5$ mm) und vergleicht die sich aus dieser Modellverfeinerung ergebende Wahrscheinlichkeitsverteilung mit den Meßdaten, so stellt man fest, daß in den meisten Fällen keine Einwände mehr gegen das benutzte Modell erhoben werden können.

Die Verteilungsdichte von X hat in dieser ersten Verfeinerung die Gestalt

$$\bar{f}(x) = \begin{cases} -\dfrac{2(x-d)}{(l-2d)^2}\ln\left(\dfrac{x-d}{l-2d}\right) - \dfrac{2(l-x-d)}{(l-2d)^2}\ln\dfrac{(l-x-d)}{l-2d}, & \text{falls } d \leqq x \leqq l-d, \\ 0 & \text{für alle übrigen } x. \end{cases} \quad (3)$$

Durch Integration erhält man daraus folgende Form der Verteilungsfunktion

$$F(x) = \begin{cases} \dfrac{x-d}{l-2d} - \left(\dfrac{x-d}{l-2d}\right)^2 \ln\left(\dfrac{x-d}{l-2d}\right) + \left(\dfrac{l-x-d}{l-2d}\right)^2 \ln\left(\dfrac{l-x-d}{l-2d}\right)^2, & \text{falls } d \leqq x \leqq l-d, \\ 0, & \text{falls } x \leqq d, \\ 1, & \text{falls } x \geqq l-d. \end{cases} \quad (4)$$

Daß diese Modellverfeinerung dem wahren Sachverhalt besser entspricht, zeigt Bild 3, das die nach (3) berechnete Dichte $\bar{f}(x)$ mit $d = 5$ mm, $l = 100$ mm enthält, multipliziert mit der Klassenbreite $c = 5$ mm (gestrichelte Linie).

6 Durchführung eines Anpassungstests

Bereits zweimal sprachen wir von der Durchführung eines Anpassungstests. Sieht man aber genauer hin, so ist zunächst noch gar nicht klar, wie dieser durchzuführen ist. Die bekannten Verfahren würden nämlich voraussetzen, daß man die empirische Verteilung der zerrissenen Fasern einwandfrei aus der empirischen Gesamtverteilung herauspräparieren kann. Das ist jedoch, wie wir bereits erwähnten, unmöglich. Wie jede Messung der Faserlängen zeigt, entsteht bereits in der Flocke eine Wahrscheinlichkeitsverteilung (die sogenannte Grundverteilung), die sich auf einen verhältnismäßig engen Bereich um eine Sollänge l konzentriert. Die Grundverteilung und die Verteilung der zerrissenen Fasern überlappen sich in einem bestimmten Bereich, und hier ist eine einwandfreie Trennung nicht möglich. Gewiß wird man aber einen Bereich von Faserlängen angeben können, in dem die Verteilungsdichte der Grundverteilung praktisch gleich Null ist. Dieser soll mindestens den Bereich von 0 bis $l/2$ umfassen. In diesem Bereich kann man die empirische Verteilung der Klassenhäufigkeiten mit dem auf diesen Bereich beschränkten Teil der durch (3) gegebenen Verteilung vergleichen. Bei der Anwendung des χ^2-Tests (siehe z. B. [5], Kap. VII, § 3) teilt man sich diesen Bereich in s Klassen ein (am besten benutzt man gleich die durch das Längenmeßverfahren gegebene Klasseneinteilung) und berechnet die den einzelnen Klassen $K_1, \ldots, K_s$ gemäß (3) entsprechenden Wahrscheinlichkeiten $p_1, \ldots, p_s$. Die Summe dieser Wahrscheinlichkeiten sei mit p bezeichnet. Aus den obigen Überlegungen wird klar, daß p kleiner als Eins sein wird. Bezeichnet z_i die empirisch ermittelte Häufigkeit der Meßwerte in der Klasse K_i und ist $n = \sum_{i=1}^{s} z_i$, dann ist zur Durchführung des Anpassungstests folgender Testwert zu berechnen:

$$\chi^2 = \frac{1}{p} \sum_{i=1}^{s} \frac{(p z_i - n p_i)^2}{n p_i} \qquad (5)$$

Dieser ist dem einer χ^2-Tafel entnommenen kritischen Wert bei $s - 1$ Freiheitsgraden zu dem gewählten Signifikanzniveau α (z. B. $\alpha = 0{,}05$) gegenüberzustellen. So kann man also die Schwierigkeit der Trennung von Grundverteilung und „Kurzfaserverteilung" umgehen. Das ist gestattet, weil die Modellverteilung (3) in bezug auf den Punkt $l/2$ symmetrisch ist. Die Symmetrieeigenschaft selbst unterliegt offenbar nicht mehr dem Testverfahren, wenn man so vorgeht.

Bevor wir an die Berechnung des Testwerts χ^2 nach (5) gehen können, benötigen wir die Zahlen p_i, das sind die Zuwächse der Funktion $F(x)$ in den einzelnen Klassen $K_1, \ldots, K_s$. Ähnlich wie sich Wahrscheinlichkeiten bei normalverteilten Merkmalen aus *einer* Tabelle berechnen lassen, ganz gleich, welche Werte die Parameter μ und σ^2 besitzen, kann man auch für die hier in (2) und (4) angegebenen Verteilungen eine Tabelle angeben, aus der sich bei bekannten Werten l und d die Verteilungsfunktion $F(x)$ und damit zusammenhängende Wahrscheinlichkeiten entnehmen lassen. Als normierte Verteilung wird man hier diejenige ansprechen, für die $l = 1$ und $d = 0$ ist. Ihre Verteilungsfunktion werde mit $L(x)$ bezeichnet:

$$L(x) = x - x^2 \ln x + (1 - x)^2 \ln (1 - x), \quad \text{falls } 0 < x < 1 \text{ ist.}$$

Wir geben eine kleine Tabelle dieser Funktion an. Da $L(x) = 1 - L(1 - x)$ im Intervall $0 < x < 1$ gilt

Tabelle 4. Die Werte der Funktion $L(x)$ für Werte x zwischen 0 und 0,50 in Abständen von 0,01 (vor dem Punkt ist jeweils 0 zu lesen)

	0	1	2	3	4	5	6	7	8	9
0,0	.000	.001	.002	.004	.008	.011	.015	.020	.026	.031
0,1	.038	.044	.052	.059	.067	.075	.084	.093	.102	.112
0,2	.122	.132	.142	.153	.164	.175	.186	.198	.210	.221
0,3	.234	.246	.258	.271	.284	.297	.310	.323	.336	.349
0,4	.363	.376	.390	.403	.417	.431	.445	.458	.472	.486

($L(0) = 0$, $L(1) = 1$), genügt es, die Werte von $L(x)$ für $0 < x < 0{,}5$ zu tabulieren ($L(0{,}5) = 0{,}5$) (Tabelle 4).

Die Arbeit [3] sieht auch die Möglichkeit einer graphischen Ermittlung der Funktionswerte von $L(x)$ vor.

Mit Hilfe der Funktion $L(x)$ läßt sich die Funktion $F(x)$ aus (2) so ausdrücken:

$$F(x) = L(x/l) \qquad \text{für } 0 \leqq x \leqq l.$$

Außerdem gilt offenbar mit Formel (4):

$$F(x) = L\left(\frac{x - d}{l - 2d}\right) \qquad \text{für } d \leqq x \leqq l - d.$$

Es soll nun die Hypothese überprüft werden, daß die in dem obigen Beispiel angegebene empirische Verteilung einer Grundgesamtheit mit der Verteilungsfunktion $F(x)$ mit $d = 5$ mm und $l = 100$ mm entstammt. Wir wählen ein Signifikanzniveau von $\alpha = 0{,}05$ (d. h. wir lassen zu, daß im Mittel in 5 von 100 Fällen, in denen die Hypothese tatsächlich wahr ist, das Prüfverfahren dennoch die Hypothese ablehnt). Zum Vergleich ziehen wir die Klassen $K_2, K_3, \ldots, K_{15}$ heran. Die Klasse K_1 kann außer acht gelassen werden, da in ihr weder Meßwerte liegen, noch Wahrscheinlichkeit vorhanden ist (wenn die Hypothese wahr ist).

Anhand der Tafel IV des Anhangs in [5] ermittelt man den kritischen Wert bei $\alpha = 0{,}05$ und $14 - 1 = 13$ Freiheitsgraden zu $\chi^2_{0{,}05} = 22{,}4$.

Wir berechnen die Wahrscheinlichkeiten p_i unter der Annahme, daß die Hypothese wahr ist. Dann ist p_i gleich der Differenz der Werte von $F(x)$ an der oberen und der unteren Grenze der Klasse K_i. Tabelle 5 ent-

Tabelle 5. Berechnung der theoretischen Wahrscheinlichkeiten p_i der einzelnen Längenbereiche K_i für den χ^2-Test

Klasse K_i	x_i	$\frac{x_i - 5}{90}$	$F(x_i)$	p_i
K_1	5	0	0	0
K_2	10	0,056	0,014	0,014
K_3	15	0,111	0,045	0,031
K_4	20	0,167	0,090	0,045
K_5	25	0,222	0,144	0,054
K_6	30	0,278	0,206	0,062
K_7	35	0,333	0,275	0,069
K_8	40	0,389	0,348	0,073
K_9	45	0,444	0,423	0,075
K_{10}	50	0,500	0,500	0,077
K_{11}	55	0,556	0,577	0,077
K_{12}	60	0,611	0,652	0,075
K_{13}	65	0,667	0,725	0,073
K_{14}	70	0,722	0,794	0,069
K_{15}	75	0,778	0,856	0,062

Tabelle 6. Berechnung der Testgröße für den χ^2-Test

i	z_i	$p \cdot (2)$	$n\,p_i$	(4) — (3)	(5) · (5)/(4)
(1)	(2)	(3)	(4)	(5)	(6)
1	0	—	—	—	—
2	1	0,856	2,156	1,300	0,783
3	4	3,424	4,774	1,350	0,382
4	1	0,856	6,930	6,074	5,324
5	10	8,557	8,316	0,241	0,001
6	11	9,416	9,548	0,132	0,001
7	7	5,992	10,626	4,634	2,021
8	11	9,416	11,242	1,826	0,297
9	14	11,984	11,550	0,434	0,016
10	18	15,408	11,858	3,550	0,818
11	16	13,696	11,858	1,838	0,285
12	15	12,840	11,550	1,290	0,144
13	16	13,696	10,626	3,070	0,887
14	17	14,552	9,548	5,004	2,623
15	13	11,128	8,316	2,812	0,951

hält in der dritten Spalte die Werte $F(x) = L\left(\frac{x-5}{90}\right)$ an der oberen Grenze der Klasse K_i (d. h. für $x_i = 5i$). Sie sind der Tabelle 4 entnommen.

Die Berechnung des durch die Formel (5) definierten Testwerts χ^2 wird nun anhand der Tabelle 6 durchgeführt. Die Anzahl n der in den Klassen K_2 bis K_{15} enthaltenen Meßwerte ist gleich $n = 154$. Aus der Tabelle 5 ermittelt man als Summe der letzten Spalte den Wert $p = 0{,}856$.

Als Summe der Spalte (6) findet man 14,533. Der empirische Testwert ist somit nach Formel (5) gleich

$$\chi^2 = \frac{14{,}533}{0{,}856} = 16{,}98.$$

Da diese Zahl noch wesentlich unterhalb der kritischen Zahl $\chi^2_{0,05} = 22{,}4$ liegt, ist, ausgehend von diesem Beispiel, nichts gegen die Hypothese einzuwenden.

7 Zweite Verfeinerung des Modells

Bei der Aufstellung des Modells und der ersten Verfeinerung des Modells waren wir von der Annahme ausgegangen, daß alle Fasern, die zerreißen, die Länge l besitzen. Zu Beginn des Abschnitts 6 haben wir festgestellt, daß dies nicht den Tatsachen entspricht. Berücksichtigt man nun zusätzlich, daß die Länge der zerreißenden Fasern der Grundverteilung genügt, dann erhält man eine weitere Verfeinerung des Modells. Es zeigt sich jedoch, daß die bei dieser Verfeinerung entstehende Verteilungsdichte unter den praktischen Bedingungen, bei denen die Grundverteilung auf einen engen Bereich um l herum begrenzt ist, sich von der Verteilungsdichte (3) erst in der dritten Stelle hinter dem Komma und auch dort nur im nahe l gelegenen Bereich unterscheidet. Für praktische Belange wird man also bei der Verteilungsdichte (3) bleiben können, die einfach zu berechnen ist und die nur einen Parameter enthält.

8 Zur Trennung der Verteilungen

Ausgehend von unserem Modell, muß man einen Einwand gegen die in der Arbeit [2] empfohlene Methode zur Trennung von Grundverteilung und Kurzfaserverteilung (Methode II) erheben. Die Häufigkeiten der Klassen in der Nähe des Wertes l erheben sich so klar aus der Gesamtverteilung heraus, daß man sie meist eindeutig zur Grundverteilung zählen kann. Ebenso eindeutig kann man die Klassenhäufigkeiten in der Nähe des Wertes $l/2$ zur Kurzfaserverteilung rechnen. Nach der Methode II schreitet man von der Klasse, in der l liegt, nach beiden Seiten so lange fort, wie die Häufigkeiten abnehmen. Uns interessiert jetzt die letzte dabei noch erfaßte Klasse in Richtung kleinerer Werte als l. Die Klassenhäufigkeit dieser Klasse wird in den allermeisten Fällen durch die Kurzfaserverteilung bestimmt. Das erkennt man direkt aus einer Gegenüberstellung der Verteilungsdichte (3) und der empirischen Gesamtverteilung. Auch in der Tabelle 1 in [2] fällt dies sofort auf. Dieser Umstand erklärt auch, warum die Werte der Spalte c in der Tabelle 7 der gleichen Arbeit gegenüber den Werten der Spalte b in den meisten Fällen zu niedrig ausfallen. Wir möchten daher vorschlagen, das an sich sehr praktische Verfahren II so zu verändern, daß dabei die letzte links von l erfaßte Klasse nicht mehr zur Grundverteilung gezählt wird.

Auch aus Bild 1 wird das deutlich. Nach dem Verfahren II müßte die Klasse K_{18} von 85 bis 90 mm noch zur Grundverteilung gezählt werden. Aus Symmetrieüberlegungen haben wir in Abschnitt 4 praktisch vier von den in diese Klasse fallenden sechs Meßwerten der Kurzfaserlängenverteilung zurechnen müssen. Das ist auch sinnvoll, wenn man von der Grundverteilung ausgeht, denn die Dichte dieser Normalverteilung fällt sehr stark gegen Null ab und ist in der Klasse K_{18} praktisch bereits Null.

9 Schätzung des Kurzfaseranteils

Der Kurzfaseranteil h_k ist erklärt als Anteil der Fasern mit einer Länge, die kleiner als eine Grenzlänge l_k ist, an der Gesamtverteilung. Um ihn schätzen, d. h. näherungsweise anhand der Meßergebnisse angeben zu können, braucht man einen Schätzwert für den Parameter d. Wir hatten in Abschnitt 5 eine Möglichkeit dafür angegeben. Im Beispiel setzten wir daher $d = 5$ mm. Der Anteil der Fasern mit einer Länge, die kleiner als l_k ist, an der Verteilung der zerrissenen Fasern berechnet sich dann einfach als Wert der Verteilungsfunktion von X in der ersten Verfeinerung des Modells an der Stelle l_k (siehe (4)). In unserem Beispiel ist $l_k = 40$ mm vorgeschrieben. Wir berechnen anhand der Tabelle 4

$$F(40) = L\left(\frac{40-5}{90}\right) = 0{,}346.$$

Außerdem ist die Trennung von Grundverteilung und Kurzfaserverteilung erforderlich. Hierdurch gewinnt man einen Schätzwert W des Anteils der Kurzfaserverteilung an der Gesamtverteilung und damit schließlich den Kurzfaseranteil h_k zu

$$h_k = W \cdot F\left(\frac{l_k - d}{l - 2d}\right). \tag{6}$$

Im Beispiel haben wir die Trennung durchgeführt. Ein Vergleich der Tabellen 1 und 2 zeigt, daß der Schätzwert W gleich

$$W = \frac{180}{254} = 0{,}709$$

ist. Schließlich wird mit Formel (6)

$$h_k = 0{,}709 \cdot 0{,}346 = 24{,}5\%.$$

Praktisch geht man naturgemäß auch weiterhin anders vor. Man berechnet die „Anzahl der kurzen Fasern" z_k, die Summe der Faseranzahlen z_i der Klassen K_1 bis K_8 (im Beispiel: $z_k = 45$) und bezieht diese auf die Faserzahl n der Gesamtverteilung. So erhält man im Beispiel

$$h_k = \frac{z_k}{n} = \frac{45}{254} = 17{,}7\%.$$

Wir haben dennoch diese Überlegungen hier durchgeführt, da wir, ausgehend von der Modellvorstellung, vermuten, daß sowohl der Anteil der Kurzfaserverteilung an der Gesamtverteilung als auch die Zahl d Konstanten sind, die nur von der Verarbeitungsstufe, von dem verarbeiteten Material und von der Länge l abhängen. Um das zu bestätigen, wären weitere Untersuchungen erforderlich. Wir vermuten also, daß der aus dem Modell errechnete Wert $h_k = 24{,}5\%$ dem wahren Wert näherkommt als der empirisch ermittelte $h_k = 17{,}7\%$. Außerdem könnte man sich dann die Einzelfaserlängenmessung als regelmäßige Prüfmaßnahme ersparen und dafür bei Einführung neuer Maschinen, neuer Technologien sorgfältiger und mehr messen, um die erwähnten Konstanten zu bestimmen.

10 Zusammenfassung

Über die Faserlängenverteilung geschnittener Fasern werden folgende Aussagen gemacht:

1. Weder die Grundverteilung noch die Verteilung der durch Faserbruch entstehenden kurzen Fasern sind Normalverteilungen.
2. Die Kurzfaserverteilung wird durch die Verteilungsdichte (3) hinreichend gut beschrieben. Die physikalischen Zusammenhänge werden durch die Angabe eines mathematischen Modells in abstrakter Form dargestellt.
3. Die Anpassung von Modell und empirischem Material wird durch einen modifizierten χ^2-Test überprüft.
4. Die Trennung von Grundverteilung und Kurzfaserverteilung erfolgt am besten mit dem in [2] vorgeschlagenen Verfahren II in der im Abschnitt 8 modifizierten Form.

Literatur

[1] *Bona, M.*, La distribution de longueur des fibres de laine. Ann. sci. Textiles belges **10** (1962) 2, S. 99–123.
[2] *Dittmann, H.*, und *Geitel, K.*, Zur statistischen Auswertung der Längenmessung an geschnittenen Fasern. Faserforsch. u. Textiltechn. **11** (1960) S. 488–495.
[3] *Ganzer, S.*, Die Verteilung des Kurzfaseranteils bei Chemiefasern. Diplomarbeit Institut für Mathematische Statistik, TU Dresden, 1963.
[4] *Gillert, H.*, und *Neumann, P.*, Einige Modelle für Lebensdauerverteilungen und ihre statistische Prüfung. Faserforschung und Textiltechnik **14** (1963) S. 530–537.
[5] *Smirnow, N.*, und *Dunin-Barkowski, J.*, Mathematische Statistik in der Technik. Berlin: Deutscher Verlag der Wissenschaften 1963.

Eingegangen am 10. März 1964

Dynamische Zugprüfung von Fäden

I. Die Versuchseinrichtung [1])

Albrecht Bauer und Friedrich Winkler
Deutsche Akademie der Wissenschaften zu Berlin, Institut für Faserstoff-Forschung in Teltow-Seehof

DK 620.178.3.05

Es wird eine Versuchseinrichtung für die dynamische Zugprüfung von Fäden beschrieben, mit deren Hilfe während der gesamten Versuchsdauer die Mittelkraft oder die Mitteldehnung und die Wechselkraft oder die Wechseldehnung konstant gehalten werden können. Kraft und Weg werden elektrisch gemessen und erscheinen als Hysteresisschleife auf dem Schirm eines Kathodenstrahl-Oszillographen. Die Hysteresisschleife und weitere zur Auswertung benötigte Kenngrößen werden zwecks späterer Auswertung photographisch registriert.

Испытание нитей на растяжение в динамических условиях
I. Устройство для проведения испытаний

Описывается устройство для проведения испытания нитей на растяжение в динамических условиях, при помощи которого можно проводить испытания при постоянных средних значениях усилия или удлинения и постоянных значениях амплитую усилия или удлинения. Измерение величин усилия и пути проводится электрическим путем, причем замеренные значения проявляются в виде гистерезисной петли на экране электронного осциллографа. Гистерезисная петля и дополнительные необходимые для обработки результатов показатели фотографически регистрируются с целью последующей обработки.

Dynamic Tensile Test of Filaments
I. Testing Devise

A device for testing the dynamic tensile behaviour of filaments is described permitting to maintain constant values of mean force or mean strain and cyclic force or cyclic strain for the whole time of test. Force and path are measured electrically appearing as hysteresis loop on the screen of a cathode-ray oscillograph. The hysteresis loop and further characteristics required for subsequent evaluation are recorded photographically.

1 Einleitung

Fast alle Textilien werden während ihrer Herstellung und ihrer Verwendung einer Wechselbeanspruchung unterworfen. Sehr deutlich tritt diese wechselnde Belastung z. B. beim Reifencord im Reifen oder in den Kettfäden auf der Webmaschine auf. Diese Beanspruchungsarten lassen sich im Labor nur idealisiert nachahmen und stellen das Gebiet der dynamischen Prüfung dar.

Auf die elastischen Eigenschaften und Dämpfungseigenschaften einer Probe und somit auf die Anzahl der Lastwechsel bis zum Bruch der Probe wirken sich verschiedene Einflüsse wie Klimazustand, Beanspruchungsfrequenz,

[1]) Teilweise Auszug aus der Dissertation von *A. Bauer*, TU Dresden 1964 (Referenten: Prof. Dr.-Ing. habil. *W. Bobeth* und Prof. Dr.-Ing. habil. *H. Perner*).

Tabelle 1. Gliederung der Dauer-Wechselprüfverfahren

- Dauer-Wechsel-Zugprüfung
  - Verfahren mit erzwungenen Schwingungen
    - Resonanzverfahren
    - Nichtresonanzverfahren
      - konstante Mittelkraft — konstante Wechselkraft
      - konstante Mittelkraft — konstante Wechseldehnung
      - konstante Mitteldehnung — konstante Wechselkraft
      - konstante Mitteldehnung — konstante Wechseldehnung
  - Verfahren mit freien Schwingungen
  - Grenzfälle mit Wechselamplitude Null
- Dauer-Wechsel-Biegeprüfung
- Dauer-Wechsel-Scherprüfung
- Dauer-Wechsel-Torsionsprüfung
- Verfahren mit zusammengesetzter oder nicht eindeutig definierter Beanspruchung

statische Vorbelastung, Art des Beanspruchungszyklus und Größe der Beanspruchungsamplitude stark aus. Beim Vergleich von Prüfwerten ist die Beachtung der einzelnen Einflußgrößen sehr wichtig, und Vergleiche sind wegen Fehlens dieser Voraussetzungen oft überhaupt nicht möglich. Es muß also festgelegt werden, welche Faktoren in Abhängigkeit von der Zeit konstant gehalten werden müssen.

Um verschiedene Materialien vergleichen zu können, ist es notwendig, als Voraussetzung gleiche Prüfbedingungen zu schaffen. Andererseits ergibt sich aber die Notwendigkeit, das Material möglichst solchen Beanspruchungen zu unterziehen, denen es in der Praxis unterworfen ist. Eine weitere Forderung für die Durchführung von Routineprüfungen ist, daß das Prüfverfahren in der Durchführung und Auswertung relativ einfach ist und aussagekräftige Kennwerte liefert. Diese Forderungen müssen auch bei der dynamischen Zugprüfung von Fäden berücksichtigt werden, und es ist erforderlich, rationelle Auswerteverfahren dafür zu erarbeiten, worüber in den weiteren Teilen dieser Arbeit berichtet werden soll.

2 *Die Dauer-Wechsel-Zugprüfverfahren*

Unter dynamischer Belastung versteht man die Beanspruchung eines Körpers mit wechselnder Belastungshöhe bei verschiedener Frequenz. Der Belastungszyklus kann also die verschiedensten Formen aufweisen. In der dynamischen Prüfung wird vorwiegend mit der sinusförmigen oder angenähert sinusförmigen Beanspruchung gearbeitet, weil diese am einfachsten zu verwirklichen ist. Da in der dynamischen Prüfung sehr viele Parameter auftreten, ist die Vielfalt der Prüfgeräte und somit Prüfsysteme ziemlich groß.

Der eine der beiden Verfasser [4] hat sämtliche möglichen dynamischen Prüfverfahren systematisch zusammengestellt. In Tabelle 1 sind die Dauer-Wechsel-Zugprüfverfahren bis zu den durch Variation der Parameter Kraft und Dehnung sich ergebenden vier Hauptprüfprinzipien

Konstante Mittelkraft — konstante Wechselkraft,
Konstante Mittelkraft — konstante Wechseldehnung,
Konstante Mitteldehnung — konstante Wechselkraft,
Konstante Mitteldehnung — konstante Wechseldehnung

unterteilt. Um diese vier Prüfverfahren untereinander vergleichen und feststellen zu können, ob irgendwelche Beziehungen zwischen ihnen bestehen oder ob sich das eine durch das andere ersetzen läßt, ist es notwendig, ein Prüfgerät aufzubauen, mit dem alle vier Prüfprinzipien verwirklicht werden können. Die Versuchseinrichtung muß also sehr variabel sein.

Wird ein hochpolymerer Körper einer sinusförmigen Längenänderung der Form

$$L = \Delta L_a \cdot \sin \omega t \qquad (1)$$

unterworfen, wie es auch für die Versuchseinrichtung vorgesehen wurde, so läßt sich der Kraftverlauf auf Grund des Superpositionsgesetzes angenähert mit der Formel

$$P = \Delta P_a \cdot \sin (\omega t + \varphi) \qquad (2)$$

beschreiben. Die Kraft läuft der Längenänderung voraus, und zwischen beiden existiert eine Phasenverschiebung, die *A. J. Staverman* und *F. Schwarzl* [3] als Verlustwinkel bezeichneten.

Kraft- und Längenänderungsverlauf sind in Bild 1 graphisch dargestellt worden. Da Fäden nur im Zugbereich beansprucht werden können, muß diesen vorher eine Vorkraft oder genauer ausgedrückt Mittelkraft aufgeprägt werden. Diese Mittelkraft muß aber mindestens die Größe der Amplitude der überlagerten Wechselkraft haben, da sonst der Kraftverlauf trotz sinusförmigen Längenänderungsverlaufs nicht mehr sinusförmig ist, denn die Augenblickswerte der Kraft können nie negativ, sondern höchstens Null werden. Entsprechend Bild 1 sollte man also nicht die Koordinatenachse I,

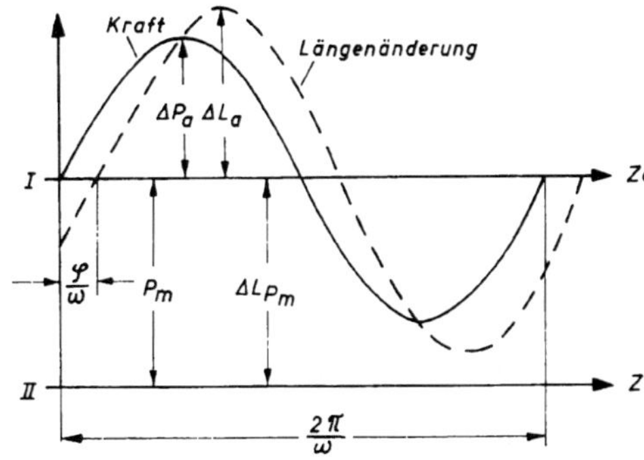

Bild 1. Verlauf der Kraft- und Wegänderungen über einen Zyklus

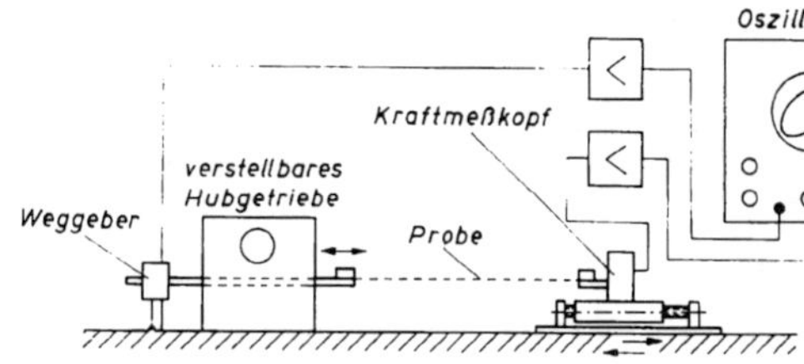

Bild 2. Schema der Versuchseinrichtung

sondern die Koordinatenachse II als Nullinie der Kraft verwenden und die Formeln (1) und (2) besser durch folgende Formeln

$$L = \Delta L_{Pm} + \Delta L_a \sin \omega t, \quad (3)$$

$$P = P_m + \Delta P_a \sin (\omega t + \varphi) \quad (4)$$

ersetzen.

3 *Die Versuchseinrichtung*

Voruntersuchungen ergaben, daß das Apparateschema nach *W. J. Lyons* [1], bei dem als Wechseldehnungs- oder Wechselkrafterzeuger eine Lautsprecherspule verwendet wird, für die angestrebten Untersuchungen nicht variabel genug ist, da z. B. die Wechseldehnung nur sehr schwer konstant zu halten ist.

In Anlehnung an das Geräteschema von *W. Meskat* und *O. Rosenberg* [2] wurde ein mechanisches Exzentergetriebe als Wechselkraft- bzw. Wechseldehnungserzeuger benutzt. Die Mitteldehnung bzw. Mittelkraft wird durch einen verstellbaren Spindelblock erzeugt, auf dem der induktive Kraftmeßkopf mit der festen Klemme sitzt. Der Hub der beweglichen Klemme wird mit einem induktiven Weggeber gemessen. Kraft und Weg werden dann über Meßverstärker zum Kathodenstrahl-Oszillographen geleitet. Die Aufzeichnung beider Funktionen erfolgt, indem die beiden Spannungen an die beiden Plattenpaare gelegt werden und durch Überlagerung eine Hysteresisschleife ergeben.

Bild 2 stellt eine Skizze des Grundaufbaues der Versuchseinrichtung dar, während Bild 3 eine Gesamtansicht wiedergibt.

3.1 *Erzeugung der Hubbewegung*

Das stufenlos auch während des Laufens verstellbare Hubgetriebe wird von einem Drehstrommotor angetrieben. Zwischen beide ist noch ein stufenlos regelbares Getriebe geschaltet, um mit verschiedenen Frequenzen arbeiten zu können. Anfangs wurde ein Kegelreibradgetriebe verwendet, das etwa einen Regelbereich von 1:15 hatte, später wurde ein PIV-Getriebe mit einem Regelbereich von 1:10 eingebaut, denn das Kegelreibradgetriebe gewährleistete keinen einwandfreien Lauf, da es bei höheren Belastungen Winkelgeschwindigkeitsschwankungen aufwies. Durch das Austauschen von Zahnrädern kann ein Frequenzbereich von etwa 1 bis 25 Hz stufenlos überstrichen werden.

Das Hubgetriebe erzeugt eine sinusförmige Hubbewegung. Durch oszillographische Aufnahmen konnte nachgewiesen werden, daß nur geringe Abweichungen von der Sinusform vorhanden sind, die von der im Laufe der Zeit auftretenden Abarbeitung der Kulissensteine und dem trotz aller Sorgfalt entstehenden geringfügigen Spiel herrühren. Anfangs wurden Kulissensteine aus

Bild 3. Gesamtansicht der Versuchseinrichtung

Polyamid verwendet, sie hielten aber der hohen Belastung nicht stand und zerbrachen; daraufhin wurden sie aus Messing gefertigt. Das Getriebe ist mit Getriebeöl gefüllt, wodurch die Abarbeitung auf ein Minimum reduziert wird. Die Hubgröße läßt sich von Hand und von einem durch eine Kupplung trennbaren Ferraris-Motor einstellen oder nachregeln.

3.2 *Der Spindelblock*

Die Erzeugung der Mitteldehnung bzw. Mittelkraft erfolgt mit einem sogenannten Spindelblock. Dieser besteht aus einem auf einer Spindel sitzenden Reitstock mit dem Meßkopf und der Klemme und ferner dem Antriebsorgan für die Spindel. Zur Einstellung einer beliebigen Einspannlänge läßt sich der Spindelblock auf einem großen Träger, der in einem Betonklotz verankert ist, in jeder beliebigen Stellung festschrauben.

Die Spindelbewegung wird mit Hilfe eines Reihenschluß-Motors erzeugt, dessen Drehzahl über einen Schiebewiderstand regelbar ist.

Durch Umpolen des Motors kann der Reitstock wieder in die Ausgangsstellung zurückgefahren werden, in der ein Endschalter dafür sorgt, daß immer dieselbe Nullstellung erreicht wird. Eine Magnetkupplung zwischen Motor und Spindel ermöglicht ein plötzliches Stillsetzen der Spindel. Direkt auf die Spindel arbeitet außerdem ein Umkehrmotor als Regelmotor zum Konstanthalten der Mittelkraft.

Auf dem Reitstock sitzt abnehmbar befestigt die Kraftmeßdose.

3.3 Die Einspannklemmen

Für die an der Kraftmeßdose sitzende Klemme müssen folgende Bedingungen gestellt werden:

1. Die Klemme muß abnehmbar sein.
2. Die Klemme darf nur eine sehr geringe Masse besitzen.

Die erste Bedingung war erforderlich, weil beim Öffnen und Schließen einer fest mit der Kraftmeßdose verbundenen Klemme Biege- und Torsionsspannungen auftreten können, die zu Schäden an der Meßdose führen. Bei dem 10 kp-Meßkopf braucht diese Befürchtung nicht unbedingt zu bestehen, aber die 10 p-, 100 p- und 1000 p-Meßköpfe sind für eine solche Behandlung viel zu empfindlich. Der Faden wird also in die Klemme eingespannt, wenn diese vom Meßkopf abgenommen worden ist.

Die zweite Bedingung mußte gestellt werden, da eine große Masse große Beschleunigungskräfte hervorrufen kann und dies trotz des sehr kleinen Schwingungsweges der Klemme — die Meßdosenmembran hat bei maximaler Belastung etwa eine Auslenkung von 20 μm — besonders bei höheren Frequenzen zu Meßfehlern geführt hätte.

Diese beiden Bedingungen machten eine besondere Klemmenkonstruktion erforderlich. Für Elementarfäden wurde eine besonders leichte Ganzpolyamidklemme entwickelt, während sich für Garne, Seiden und Cordfäden die im Bild 4 gezeigte Klemme als beste Konstruktion erwies. Bei dieser Klemme ist es möglich, die Kunststoffeinlage ohne Mühe einfach auszuwechseln. Ein Einkleben ist nicht vorteilhaft, da sich ein öfteres Auswechseln der Einlage erforderlich macht. Der Bügel muß einen Stahl-Gewindeeinsatz haben, da sonst das Gewinde ausreißt, denn es wird wegen der kleinen Klemmfläche ein relativ großer Klemmdruck benötigt. Sowohl die abnehmbare Klemme am Kraftmeßkopf als auch die feste Klemme am Hubgetriebe wurden mit Hilfe eines Drehmomentenschlüssels angezogen, um immer den gleichen Klemmdruck zu erhalten.

An die Klemmeneinlage werden folgende Anforderungen gestellt: Die Einlage soll verhindern, daß der Faden an der Klemmstelle stark deformiert wird und sich an dieser Stelle Kerbspannungen ausbilden, die zu Klemmbrüchen führen. Das Material muß fest, aber elastisch sein, so daß es beim Einklemmen des Fadens nachgeben kann. Andererseits darf es nicht zu weich sein und muß wieder zurückfedern. Weiterhin soll es einen möglichst hohen Reibwert besitzen. Diese Anforderungen werden noch dadurch erschwert, daß nur eine sehr kurze Klemmfläche zur Verfügung steht.

Um die günstigste und beste Klemmeneinlage herauszufinden, wurden folgende Materialien versuchsweise als Einlage verwendet:

Leder,
PVC in verschiedenen Ausführungen mit und ohne Weichmacher,
Polyäthylen in verschiedenen Ausführungen,
Kautasit,
Gummi in verschiedenen Ausführungen,
Brandsohlenmaterial (Leder mit Nylon verpreßt).

Bild 4. Abnehmbare Klemme des Kraftmeßkopfes

Da sich diese Materialien alle nicht eigneten, wurde schließlich

Mischpolyester mit unterschiedlichen Gehalten an Sebacinsäure [2])

untersucht, und es erwies sich ein

Mischpolyester mit 30% Sebacinsäure versetzt

als das geeignetste Material für die Klemmeneinlagen.

Die Frage, inwieweit für verschiedene Faserstoffe (Viskosecord, Polyamidcord, Polyestercord usw.) jeweils ein anderes Klemmeneinlagematerial vorteilhafter ist, läßt sich aus den durchgeführten Versuchen noch nicht eindeutig beantworten.

3.4 Die Kraft- und Wegmessung

Die Kraft- und Wegmessung erfolgt mit einer von der Firma Hottinger, Darmstadt, gelieferten Meßeinrichtung, bestehend aus

4 induktiven Membran-Zugkraftaufnehmern Q 1
(0,5 bis 10 p; 5 bis 100 p; 50 bis 1000 p; 500 bis 10000 p),
1 induktiven Wegaufnehmer W 10,
2 Trägerfrequenzmeßverstärkern KWS II/5,
1 Zwei-Kathodenstrahl-Oszillographen H 2V 18.

Der Kraftaufnehmer sitzt auf dem Reitstock. Der Wegaufnehmer ist mit der Hubschwinge, an der die „bewegliche" Klemme befestigt ist, starr verbunden. Die Meßwerte beider induktiver Geber werden von den Meßverstärkern verstärkt und auf dem Schirm des Elektronenstrahl-Oszillographen sichtbar gemacht.

Der Weggeber wurde mit Hilfe einer 20 mm-Meßuhr (0,01 mm Teilung) bei verschiedenen Verstärkereinstellungen geeicht. Es wurde eine vollkommen lineare Anzeige gefunden.

Die Eichung der Kraftmeßdosen geschah mit geeichten Massestücken. Die Kraftmeßdose wurde dazu in senkrechter Stellung in eine Meßkopfhalterung eingeschoben, um mit Hilfe eines Bügels die Massestücke anhängen zu können. Von einer Eichung der Meßdose in Arbeitsstellung wurde abgesehen, da diese komplizierte Umlenkrollen erfordert hätte und dadurch mit

[2]) Hergestellt von der Abt. IIIa des Instituts, wofür auch an dieser Stelle herzlich gedankt sei.

Reibungsmeßfehlern behaftet wäre. Auch hier ist eine vollkommen lineare Anzeige vorhanden. Bei Langzeitversuchen machte sich manchmal eine geringe Nullpunktabwanderung bemerkbar. Dabei wurde festgestellt, daß Netzspannungsschwankungen fast keinen Einfluß haben.

Kraftmeßdose und Weggeber müssen beide gegeneinander und gegen die Grundplatte isoliert angebaut sein, da sonst eine Beeinflussung durch Kriechströme festzustellen ist.

Um während der Prüfung einen konstanten Nullpunkt zu sichern, ist es notwendig, daß die Meßverstärker und der Elektronenstrahl-Oszillograph etwa 3 h vor Prüfbeginn eingeschaltet werden, was während der Nachtstunden mit Hilfe einer Schaltuhr automatisch geschieht, damit die genannten Geräte zu Prüfbeginn ihre Betriebstemperatur besitzen.

3.5 Die Regeleinrichtung

Zur Durchführung der vier Hauptprüfprinzipien ist es erforderlich, vier Schaltungsschemata an einer Versuchseinrichtung verwirklichen zu können.

3.5.1 Das Prüfverfahren „konstante Mitteldehnung — konstante Wechseldehnung" wurde folgendermaßen erreicht.

An einem Voreinstellzähler, der von der Spindel angetrieben wird, wird die gewünschte Mitteldehnung auf 0,1 mm genau eingestellt. Nachdem am Hubgetriebe die verlangte Wechseldehnung mit Hilfe der Eichmeßuhr oder des angebauten Zählwerkes und des dazugehörigen Eichdiagramms eingestellt wurde, wird der Abzugsmotor eingeschaltet. Der Voreinstellzähler schaltet bei Erreichen der Zahl Null, d. h. bei der gewünschten Mitteldehnung, ein Relais ein, das den Hauptschütz und weitere Relais betätigt. Dieser Hauptschütz schaltet den Abzugsmotor und die angeflanschte Magnetkupplung aus und gleichzeitig den Hauptmotor, das Kameraauslösegerät und die Stoppuhr ein. Ferner wird der Eingangswert für die Horizontalablenkung des Kathodenstrahl-Oszillographen von der Wechselspannung eines Klingeltrafos auf den Meßverstärkerausgang umgeschaltet. Die Maschine läuft jetzt so lange, bis sie von Hand abgeschaltet wird.

3.5.2 Das Prüfverfahren „konstante Mittelkraft — konstante Wechselkraft" ist bedeutend schwieriger zu verwirklichen. Die ersten Versuche, die Mittelkraft nach dem Bild auf dem Kathodenstrahl-Oszillographenschirm von Hand nachzuregeln, bewiesen, daß dieser Weg wegen der anfänglich sehr hohen Kraftänderungsgeschwindigkeit unmöglich ist. Nun wurde versucht, die Mittelkraft automatisch mit Hilfe einer Photozellenschaltung und eines Spiegelgalvanometers nachregeln zu lassen.

Diese Anlage arbeitete aber auch nicht empfindlich genug, und es wurde nicht die notwendige Regelgenauigkeit erreicht. Dies deutete darauf hin, daß nur ein elektronisches Regelgerät den gestellten Anforderungen gerecht werden kann. Dieses Gerät, das nach unseren Angaben gebaut wurde, arbeitet nach folgendem Prinzip:

Der verstärkte Kraftmeßwert gelangt über einen Eingangsverstärker zu einem elektronischen Filter, das Mittelkraft und Wechselkraft voneinander trennt und zwei separaten Verstärkern zuführt. Diese Verstärker arbeiten auf je eine Brückenschaltung, die wiederum je einen Nachlaufmotor regeln. Die beiden Brükken können vor Versuchsbeginn auf je einen bestimmten Kraftwert eingestellt werden. Während des Versuches sprechen die Motore bei verstimmter Brücke sofort an und schalten sich erst wieder ab, wenn die vorgewählten Kraftwerte erreicht sind.

Der Versuch läuft dann folgendermaßen ab: Nachdem am Regelgerät die gewünschte Mittel- und Wechselkraft eingestellt sind, wird der Abzugsmotor eingeschaltet. Beim Erreichen der verlangten Mittelkraft schaltet das Regelgerät ein Relais um, welches den Hauptschütz und weitere Relais betätigt. Dabei geschehen dieselben Umschaltvorgänge wie bei den Prüfverfahren „konstante Mitteldehnung — konstante Wechseldehnung". Während der Prüfung sorgt dann das Regelgerät mit Hilfe der zwei Regelmotore für das Konstanthalten der beiden Kräfte.

3.5.3 Das Prüfverfahren „konstante Mittelkraft — konstante Wechseldehnung" wird verwirklicht, indem am Regelgerät der Verstärker für die Wechselkraft und somit auch die Brücke und der Regelmotor abgeschaltet werden. Das Regelgerät hält nur die Mittelkraft konstant, während die Wechseldehnung vor Versuchsbeginn eingestellt wird.

3.5.4 Beim Prüfprinzip „konstante Mitteldehnung — konstante Wechselkraft" wird mit Hilfe des Voreinstellzählers die konstante Mitteldehnung erzeugt, und im Regelgerät arbeitet nur der Verstärker für die Wechselkraft mit den nachgeschalteten Geräten.

3.6 Die Aufnahmetechnik

Als Kamera zum Registrieren der auf dem Kathodenstrahl-Oszillographenschirm abgebildeten Hysteresisschleife wurde eine Spiegelreflexkamera Typ „Praktina" verwendet, da an diesen Kameratyp der Anbau einer magnetischen Auslösung, eines elektromotorischen Aufzuges und einer 17 m-Filmkassette möglich ist. Diese drei Zusatzgeräte waren unbedingt notwendig, da die Hysteresisschleifen der ersten Lastwechsel auch festgehalten werden sollten. Ohne automatische Auslösung und automatischen Aufzug ist dies nicht durchzuführen.

Der Aufzugsmotor wurde von einer 12 V-Batterie gespeist. Die Auslösung konnte von Hand und ferner mit Hilfe eines selbstgebauten Auslösegerätes, welches durch den Hauptschützen eingeschaltet werden konnte, erfolgen. Die Auslöseimpulsfolge war etwa folgende: In den ersten 15 s jede Sekunde, dann die 18., 21., 24., 27., 30., 35., 45., 52. und 60. Sekunde und fortlaufend jede weitere 20. Sekunde bis zu einem beliebigen Zeitpunkt. Anschließend konnte auf einen Impuls pro Minuten umgeschaltet werden. Die Abschaltung erfolgt nach Belieben von Hand.

Die Kamera war durch ein Vorsatzgerät an den Oszillographen angebaut. Dieses Vorsatzgerät verhütete Falschlichteinflüsse und hatte einen seitlichen Einblick, durch den der Oszillographenschirm betrachtet werden konnte. In einem Anbau waren folgende Instrumente untergebracht:

Zählwerk mit Nullstellung für die Lastwechselzahl,
Zählwerk für die Mitteldehnung,
Zählwerk für den Hub,

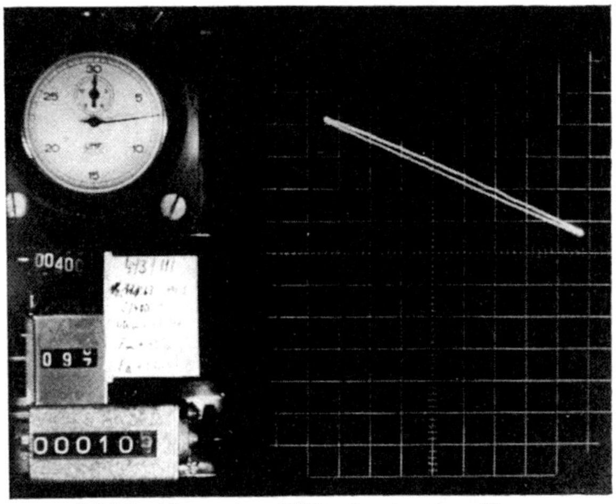

Bild 5. Abzug eines Bildes des Auswertefilmes

Stoppuhr mit automatischer Auslösung durch den Hauptschütz,

Raum für Filmbeschriftung,

Beleuchtungsanlage für diese Instrumente.

Durch einen oberflächenversilberten Spiegel wurden die Meßwerte dieser Anzeigeinstrumente in den Strahlengang der Kamera eingespiegelt. Auf dem Kamerabild sind, wie aus Bild 5 hervorgeht, außer der Hysteresisschleife die Film- und Probenummer, das Material, die Prüfbedingungen, die Lastwechselzahl, die mittlere Probenlänge, die Hubgröße und auch die Zeit seit Beginn der Prüfung ersichtlich.

Außer durch den seitlichen Einblickschacht kann die Hysteresisschleife noch durch den Lichtschacht der Kamera betrachtet werden. Die Eichung von Kraft und Hub nimmt man vorteilhafterweise mit Hilfe dieses Lichtschachtes vor, da dann die durch Parallaxe bedingten Ablesefehler ausgeschaltet sind.

Bild 6. Auswertetisch

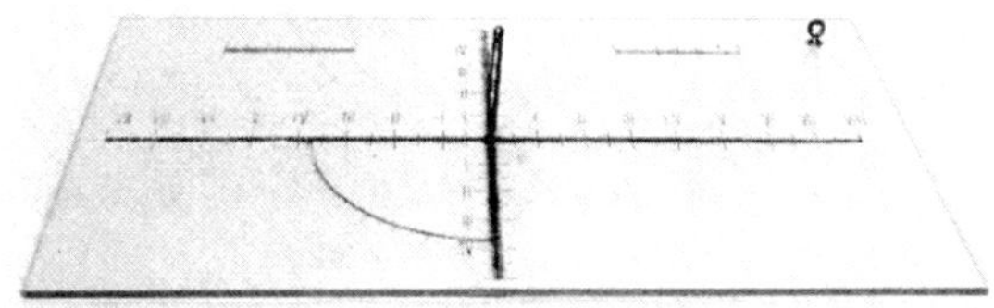

Bild 7. Auswerteschablone

3.7 Die Auswertungs-Hilfsmittel

Die Auswertung der Filme ist mit Hilfe eines selbstgebauten Auswertetisches (Bild 6), bei dem das photographierte Bild von unten gegen eine mit Transparentpapier bespannte Glasplatte projiziert wird, und einer Auswerteschablone (Bild 7) sehr schnell durchzuführen. Ein Auswertebogen, in den alle interessierenden Meßwerte eingetragen werden, vereinfacht dies noch sehr stark.

4 Die möglichen Kenngrößen der dynamischen Prüfung

Wenn man von der Einteilung der einzelnen Prüfverfahren absieht und nur die Auswertung der Prüfergebnisse betrachtet, so kann folgende Unterteilung vorgenommen werden:

1. Lebensdauerprüfung;
2. Beurteilung folgender Eigenschaften nach bestimmten Lastwechselzahlen:
   a) Dehnung,
   b) Festigkeit,
   c) Hysteresisschleife,
   d) Dämpfung,
   e) Elastizitätsmodul,
   f) Phasenwinkel,
   g) Formänderungsarbeit.

Eine eingehendere Betrachtung über die einzelnen Kenngrößen muß späteren Ausführungen vorbehalten bleiben.

Für die Hilfe bei der Konstruktion und dem Bau der Versuchseinrichtung danken wir den Mitarbeitern der Werkstatt des Instituts. Besonderer Dank für die mühevolle Kleinarbeit gilt Herrn Feinmechaniker *Strunk*.

Literatur

[1] *Lyons, W. J.*, Dynamic Properties of Filaments, Yarns and Cords at Sonic Frequencies. Textile Res. J. **19** (1949) S. 123—135.

[2] *Meskat, W.*, und *Rosenberg, O.*, Dynamische Prüfung von Textilfasern, -fäden und Monofilen. Reyon, Zellwolle and. Chemiefasern **31** (1953) S. 555—562, 617 bis 625.

[3] *Staverman, A. J.*, und *Schwarz, F.*, Linear Deformation Behaviour of High Polymers. In: *H. A. Stuart*: Physik der Hochpolymeren 4. Bd., 1. Kap. § 7. Berlin-Göttingen-Heidelberg: Springer 1956.

[4] *Winkler, F.*, Systematik der dynamischen Prüfverfahren hochpolymerer Festkörper, insbesondere Textilien. Ein Beitrag zu ihrer Normung. Dissertation TH Dresden 1958.

Eingegangen am 24. März 1964

Webmaschinen-Einstellnomogramm für den Spulenschützen-Webautomat Modell 4200

Harald Perner und Erika Schelle

Institut für Textiltechnik der Technischen Universität Dresden

DK 677.054.4.001.24:677.058.4:518.3

Das in früheren Arbeiten angegebene Verfahren zur Entwicklung eines Einstellnomogramms für Webmaschinen mit Hilfe markierter Schützenbahnkurven und Abschlagkurven wird auf ein weiteres Webmaschinenmodell angewendet.

Применение номограмм для заправки автоматического ткацкого станка, модели 4200

Приведенный в предыдущих работах метод построения номограммы для заправки ткацких станков при помощи изображения траектории полетов челнока и кривых отлета был применен для еще одной модели ткацкого станка.

Weaving Machine Adjusting Nomogram for the Automatic Bobbin Shuttle Weaving Machine Type 4200

The method presented in preceding papers for the construction of a weaving machine adjusting nomogram based on traced shuttle trajectories and driving curves is applicated to a further type of weaving machine.

1 Einleitung

In vorangegangenen Veröffentlichungen wurde über ein Verfahren zur Markierung der Schützenbahnkurve sowie der Abschlag- und Einlaufkurven des Webschützens berichtet [1] und ein Berechnungsverfahren zur Auswertung der Schützenbahnkurven [2] sowie der Abschlagkurven [3] angegeben. Anschließend konnte gezeigt werden, wie das Verfahren mit Hilfe nomographischer Mittel in bezug auf die Anwendung vereinfacht werden kann [4, 5].

Aus diesen Beiträgen geht hervor, daß ein solches Nomogramm nur für die jeweils betrachtete Webmaschine anwendbar ist, da die technischen Daten der Webmaschine, z. B. die Abmessungen des Webladengetriebes, in die Berechnungen und somit auch in das Nomogramm eingehen. Aus diesem Grunde ist es erforderlich, das angegebene Berechnungsverfahren auch auf andere Webmaschinen anzuwenden und dafür Nomogramme aufzustellen. Im folgenden soll das Verfahren auf den Spulenschützen-Webautomat, Modell 4200, angewendet und ein entsprechendes Nomogramm entworfen werden.

2 Berechnung

2.1 Technische Angaben über die untersuchte Webmaschine

Bezeichnung:	Spulenschützen-Webautomat, Modell 4200.
Hersteller:	Textima.
Baujahr:	1961.
Gewebe:	Baumwollgewebe, Leinwandbindung, 4 Schäfte, geradedurch.
Material:	Kette Bw Nm 40/2 (25 tex × 2), 180 Fd je 10 cm, Schuß Bw Nm 40 (25 tex), 210 Fd je 10 cm.
Umlauffrequenzen:	Antriebswelle 544 U/min, Schußzahl 204 Schuß/min.

Kurbeltrieb:

Ladenradius in Höhe der Schützenmitte	$\varrho = 782{,}3$ mm,
Kurbelradius	$r = 70{,}0$ mm,
Ladenradius bis Mitte Pleuellager	$R = 717{,}5$ mm,
Pleuellänge	$L = 180{,}0$ mm,
Ladenlager bis Kurbelkreismittelpunkt	$K = 765{,}0$ mm.

Schützenabmessungen:

Breite	$a = 45{,}5$ mm,
Gesamtlänge	$l_g = 425{,}0$ mm,
Länge ohne Spitzen	$l_1 = 335{,}0$ mm,
Länge ohne Stahlspitzen	$l_2 = 395{,}0$ mm,
Ablaufwinkel (geschätzt)	$\alpha_0 = 100°$.

Fachabmessungen:

Abszisse von der Ablösestelle des Schützens vom Picker bis zum linken Geweberand	$x_I = 0{,}356$ m,
Abszisse von der Ablösestelle des Schützens vom Picker bis zum rechten Geweberand	$x_{II} = 1{,}447$ m,
Ordinatenwerte	$y_a = 120{,}0$ mm, $y_b = 121{,}0$ mm, $y_{c\min} = 81{,}0$ mm,
Fachöffnungswinkel	$\varphi = 19°$,
Schützenmasse	$m_S = 552{,}6$ g,
Reibungskraft für gleichförmige Schützenbewegung im Webfach	$R_L = 148{,}7$ p,
Länge des Webeblattes	$l = 1330$ mm,
Höhe, bei der der aufgelegte Webschützen eine gleichförmige Bewegung ausführt	$h = 275$ mm,
Blattneigung zur Vertikalen	$\gamma_0 = 7°\,8'$, $\gamma_h = 11°\,53'$,

Weitere Angaben:

$y_{\max} = 131{,}90$ mm,
$y_{\max/2} = 65{,}95$ mm,
$\alpha_1 = 114{,}0°$ (vor dem hinteren Totpunkt).
$\alpha_2 = 240{,}0$ (nach dem hinteren Totpunkt).

2.2 Ergebnisse der Berechnungen

Nach dem von *Dubach* angegebenen Verfahren [6] wurde die Verzögerung des Webschützens zu $b = -6{,}79$ m/s² ermittelt. Mit den Größen

$$A = 77{,}82 \text{ mm} \qquad D = 0{,}0763 \text{ m}$$
$$B = 0{,}1944 \qquad E = 0{,}9586$$
$$C = 23{,}73 \text{ mm}$$

ergibt sich

$$\alpha_{k_a} = 140{,}99° \qquad \alpha_{k_b} = 217{,}27°$$
$$\alpha_{k_1} = 114{,}97° \qquad \alpha_{k_2} = 245{,}03°$$

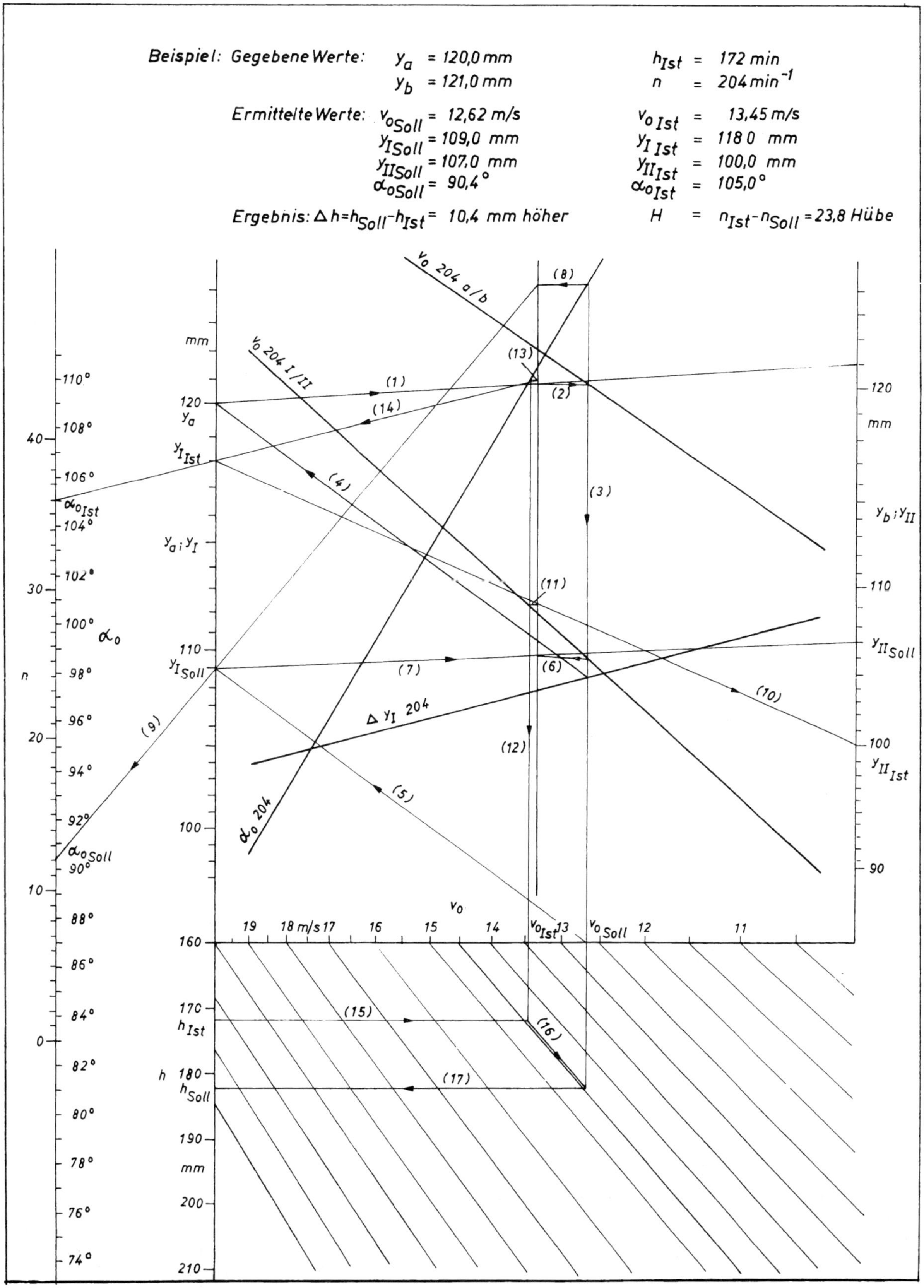

Bild 1. Einstellnomogramm für den Spulenschützen-Webautomat Modell 4200 (Originalgröße DIN A3)

Mit den Korrekturfaktoren

$$m_1 = 0{,}9853, \qquad m_2 = 1{,}0838$$

wird

$$\alpha_a = 140{,}41°, \qquad \alpha_b = 214{,}39°.$$

Nach analogem Rechengang [2] folgt

$$v_0 = 12{,}95 \text{ m/s}$$

und $\alpha_0 = 90{,}0°$.

Die Randordinaten ergaben sich zu

$$y_I = 108{,}9 \text{ mm (links)},$$

$$y_{II} = 109{,}3 \text{ mm (rechts)}.$$

Eine Nachrechnung der Ordinate y_c ergab den Wert

$$y_c = 88{,}9 \text{ mm} > y_{c_{\min}}$$

Das Kurvenmaximum liegt bei $x = 0{,}935$ m. Für Δx ergab sich der Wert + 3,3 cm. Das Maximum liegt also um diesen Betrag hinter der Gewebemitte.

3 Nomogramm

Das aus den angegebenen Werten entworfene Nomogramm zeigt Bild 1. Die Handhabung des Nomogramms wurde bereits ausführlich erläutert [4]. Infolge der dem graphischen Verfahren eigenen Ungenauigkeiten ergeben sich bei der Anwendung des Nomogramms geringe Abweichungen, z. B. statt des errechneten Wertes $v_0 = 12{,}95$ m/s der graphisch ermittelte Wert $v_0 = 12{,}62$ m/s; das ist eine Abweichung von 2,55%.

4 Zusammenfassung

Die Ergebnisse der Berechnungen für die optimale Schützenbahnkurve eines Spulenschützen-Webautomaten, Modell 4200, wurden angegeben und das daraus entwickelte Einstellnomogramm dargestellt.

Literatur

[1] *Perner, H.*, und *Rudloff, E.*, Meßschützen mit Programmsteuerung. Faserforsch. u. Textiltechn. **14** (1963) S. 198–201.

[2] *Perner, H.*, und *Rudloff, E.*, Optimale Schützenbahnkurven zur Einstellung von Webmaschinen. Faserforsch. u. Textiltechn. **14** (1963) S. 227–232.

[3] *Perner, H.*, und *Rudloff, E.*, Berechnung und Konstruktion optimaler Abschlagkurven an Webmaschinen. Faserforsch. u. Textiltechn. **14** (1963) S. 286–288.

[4] *Perner, H.*, und *Rudloff, E.*, Nomogramm zur Bestimmung der optimalen Schlageinstellung an Webmaschinen auf der Grundlage markierter Schützenbahnkurven. Faserforsch. u. Textiltechn. **14** (1963) S. 326 bis 332.

[5] *Perner, H.*, und *Rudloff, E.*, Entwicklung eines Nomogramms zur Bestimmung der optimalen Schlageinstellung an Webautomaten. Faserforsch. u. Textiltechn. **15** (1964) 2, S. 59–65.

[6] *Dubach, P.*, Geschwindigkeit und Beschleunigung des Webschützens. Textil-Praxis **15** (1960) S. 399–403.

Eingegangen am 3. Februar 1964

Kontrolle der Vorreife der Alkalicellulose im Viskosefaserbetrieb

Peter Barthel und Karl Rühlmann[1])

VEB Chemiefaserwerk Schwarza „Wilhelm Pieck" Rudolstadt/Thüringen
Produktionsbereich Viskosefaser

DK 677.463.021.213

Ausgehend von im Viskosefaserbetrieb erhaltenen Meßwerten werden Beziehungen erläutert, die es gestatten, unter Berücksichtigung des bei der Xanthogenierung eintretenden Abbaues der Cellulose die Ergebnisse der Bestimmung des DP der Alkalicellulose am Ende der Vorreife und der Kugelfallviskosität der Viskose miteinander zu vergleichen und damit beide Bestimmungen gemeinsam zur Vorreifekontrolle einzusetzen.

Контроль процесса предсозревания щелочной целлюлозы в производстве вискозного волокна

Исходя из полученных в производстве вискозного волокна данных приводятся взаимоотношения, которые позволяют с учетом протекающей при ксантогенировании деструкции целлюлозы сравнивать результаты определения средней СП щелочной целлюлозы в конце процесса предсозревания с таковыми определения вязкости по методу падения шарика. Таким образом, для контроля процесса предсозревания возможно применять одновременно оба метода.

Pre-ripening Control of Alcaline Cellulose in the Viskose Fibre Plant

On the basis of data obtained in a viscose fibre plant, relations are explained which permit to compare the results of DP determinations on alcaline cellulose at the end of the pre-ripening process with the values of falling ball viscosity of viscose, taking into account the degradation of cellulose during xanthogenation, and to use the combined data of these two determinations for the control of pre-ripening.

1 Einleitung

Einer der wesentlichsten Teilprozesse der Viskosefaserherstellung ist der alkalisch-oxydative Abbau der Alkalicellulose. Bei der Steuerung dieses Prozesses im Viskosefaserbetrieb ist das Ziel insbesondere die Einstellung einer als optimal erkannten mittleren Viskosität der aus der Alkalicellulose bereiteten Viskose. Zu niedrige Viskositäten führen u. a. zu ungünstiger Verspinnbarkeit der Viskose und im Extremfall zu verschlechterten physikalischen Eigenschaften der Viskosefaser, während zu hohe Viskositäten eine erschwerte Filtration der Viskose zur Folge haben.

Zur laufenden Kontrolle der Vorreife der Alkalicellulose wird im Viskosefaserbetrieb im allgemeinen die Kugelfallviskosität der frisch bereiteten Viskose bestimmt. Diese Methode ist schnell durchführbar, erfordert nur einen geringen Aufwand und erlaubt eine Vielzahl von Prüfungen während eines Produktionszeitraumes. Nachteilig ist u. a., daß die Viskosität der Viskose außer von dem DP der gelösten Cellulosesubstanz auch von der Zusammensetzung

[1]) Zum Teil Ergebnisse der Ingenieurarbeit *Karl Rühlmann, Schwarza* 1963.

der Viskose wesentlich beeinflußt wird, daß insbesondere bei frisch bereiteten Viskosen die Viskosität mit der Zeit stark abnimmt und daß die Prüfung erst mehrere Stunden nach abgeschlossener Vorreife erfolgen kann. Im Chemiefaserwerk Schwarza kann z. B. die Prüfung der Viskoseviskosität erst 6 h nach Abschluß der Vorreife erfolgen.

2 *Problemstellung*

In den letzten Jahren sind u. a. durch die Arbeiten von *Doering* [1] und *Philipp* [2] Schnellmethoden zur Bestimmung des DP von Alkalicellulose bekannt geworden. In der Literatur wurden weiterhin von mehreren Autoren quantitative Zusammenhänge zwischen der Viskosität der Viskose und dem DP der Cellulose angegeben. Für betriebsübliche Viskosen erscheinen vor allem die Beziehungen von *Treiber* [3] und *Bandel* [4] zur Anwendung geeignet. Die Ergebnisse von *Treiber* konnten von *Gohlke* und *Schmiedeknecht* [5] bei Direktviskosen im Versuchsanlagenmaßstab bestätigt werden.

Für die Betriebskontrollen stellt eine laufende DP-Bestimmung sämtlicher gereiften Alkalicellulosechargen trotz aller Vereinfachungen der Methoden einen zu hohen Aufwand dar. Da beabsichtigt war, die Kontrolle des DP der gereiften Alkalicellulose besonders bei plötzlichen erheblichen Veränderungen der Vorreifebedingungen vorzunehmen, um in diesen Fällen früher auf Abweichungen von den gewünschten Sollwerten reagieren zu können, im allgemeinen jedoch die Verfolgung der Viskoseviskosität beibehalten werden sollte, interessierte vor allem der Zusammenhang zwischen dem DP der abgereiften Alkalicellulose und der Kugelfallviskosität der aus der Alkalicellulose hergestellten Viskose. Dieser Zusammenhang war nicht ohne weiteres zu erwarten, da, wie vor allem von *Philipp* [6] gezeigt wurde, bei der Xanthogenierung besonders bei knapp gereifter Alkalicellulose ein weiterer erheblicher Abbau erfolgt.

3 *Versuchsdurchführung und Resultate*

Es wurden zunächst die bekannten Bestimmungsmethoden für den DP der Cellulose, die auf Cuoxamlösung als Lösungsmittel beruhen, im Hinblick auf eine rationelle Betriebsmethode überprüft. In Anlehnung an ein von *Doering* [1] beschriebenes Gerät wurde das im Bild 1 dargestellte Viskosimeter benutzt. Dieses hatte folgende Kenndaten:

Kapillarendurchmesser	d 0,53 mm,
Kapillarenlänge	l 150 mm,
Auslaufvolumen	V 1,5 ml.

Bei der Bestimmung des DP der Alkalicellulose wurde vom regenerierten Material ausgegangen. Dies hat besonders wegen des Einsatzes einer größeren Alkalicellulosemenge zur Regenerierung und wegen der Vermeidung der mit einem gewissen Fehler behafteten Bestimmung des Cellulosegehaltes der Alkalicellulose Vorteile. Die Regenerierung wurde in Anlehnung an *Zamysevskaja* [7] und *Janatka* [8] als Schnellmethode durchgeführt.

Die Bestimmung des DP erfolgt prinzipiell wie nachstehend aufgeführt:

Etwa 3 g Alkalicellulose werden genau abgewogen, mit 10%iger Essigsäure neutralisiert, in einer Schale aus Nickeldraht abgesaugt, mehrfach mit Wasser und Aceton gewaschen, und anschließend wird die Cellulose mit einem Infrarotstrahler bis zu einem Trockengehalt von 99,0 bis 99,5% getrocknet.

Etwa 0,15 g der Trockensubstanz werden in 120 ml Cuoxamlösung 5 min mit Hand und 10 min mit der Maschine geschüttelt und damit gelöst. Nach der Temperierung der Probe wird die Viskositätsmessung vorgenommen. Die Auslaufzeit beträgt bei Einsatz abgereifter Alkalicellulosen etwa 110 s. Die Auswertung der Messung erfolgt nach *Schulz-Blaschke* [9]. Die gesamte Prüfung dauert als Doppelbestimmung von der Einwaage der Alkalicellulose bis zur Endauswertung 60 min.

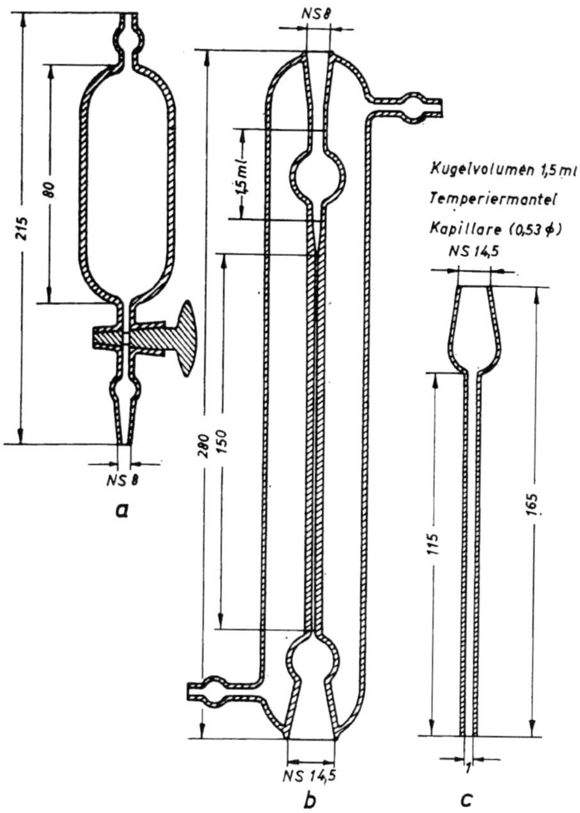

Bild 1. Darstellung des modifizierten Kapillarviskosimeters nach *Doering*

a) Aufsatz, b) Kapillarpipette mit Temperiermantel, c) Steigrohr

Die Regenerierung der Cellulose aus der Viskose wurde nach *Philipp* [6] vorgenommen. Die Bestimmung des DP der Cellulose der Viskose erfolgte analog der Arbeitsweise bei der regenerierten Alkalicellulose. Die Messung der Viskosität der untersuchten Mattviskosen wurde 1 h nach beendetem Löseprozeß im Xanthatkneter durch Ermittlung der Fallzeit in s einer Stahlkugel von 3 mm Durchmesser, auf einer Strecke von 200 mm, bei einem Fallrohrdurchmesser von 20 mm, einer Meßtemperatur von 20 °C ± 0,05 grd und einer Neigung des Fallrohres von 80° vorgenommen. Wir bezeichnen die auf diese Weise gemessene Kugelfallviskosität mit $KF_{80°}$.

4 *Auswertung und Diskussion*

Bei der Auswertung der in Tabelle 1 dargestellten Ergebnisse wird es notwendig, direkte Beziehungen zwischen den in den Spalten 2 bis 5 enthaltenen Werten zu ermitteln. Eine grobe Übersicht zeigt, daß sehr große Unterschiede zwischen dem DP der Alkalicellulose nach der Vorreife und dem DP der Cellulose in der Viskose bestehen. Im Gegensatz zu den Angaben von *Bandel* [4] konnten keine direkten Zusammenhänge zwischen der Kugelfallviskosität einerseits und der Cellulosekonzentration der Viskose sowie dem DP der gereiften Alkalicellulose andererseits gefunden werden.

Wesentlich ist jedoch, daß direkte Zusammenhänge zwischen der Viskosität der Viskose, dem DP der Cellulose in der Viskose und der Cellulosekonzentration der

Tabelle 1. Zusammenstellung der Versuchsergebnisse

Versuchs-Nr.	Cellulose-gehalt der Viskose [%]	Kugelfall-viskosität der Kneter-viskosen [s]	DP nach der Vorreife	DP Cellulose in Viskose	Mittelwert der RGK der Kettenspaltung · 10^3 [h^{-1} DP^{-1}]	Koeffizient K (nach Beziehung [2])
1	7,62	166	417	345	0,39	33,8
2	7,62	154	387	329	0,36	28,5
3	7,62	124	420	351	0,39	34,9
4	7,56	170	447	357	0,45	38,3
5	7,48	139	415	344	0,40	35,1
6	7,45	124	417	322	0,57	27,6
7	7,35	134	490	336	0,76	29,9
8	7,41	150	454	345	0,56	32,3
9	7,49	103	408	320	0,55	33,1
10	7,33	115	369	337	0,21	34,9
11	7,60	95	328	319	0,07	38,5
12	7,41	116	342	320	0,17	28,3
13	7,49	122	389	338	0,31	37,6
14	7,91	166	399	332	0,41	33,6
15	7,57	175	391	359	0,18	38,6
Durchschnittswerte			405	337	0,38	33,6

Viskose bestehen. Nach *Treiber* [3] gilt in technischen Viskoselösungen

$$DP = \frac{9\left(\sqrt[9]{\frac{123\cdot SKF}{\eta_0}} - 1{,}033\right)}{c\cdot 5{,}4\cdot 10^{-3}}. \quad (1)$$

Dabei ist SKF die Kugelfallviskosität von Glanzviskosen in s, die mit einem senkrecht aufgehängten Fallrohr gemessen wurde, und η_0 die Viskosität des reinen Lösungsmittels.

Für die Auswertung unserer Meßergebnisse erwies es sich als zweckmäßig, die Beziehung (1) umzuformen in

$$K = \frac{(DP\cdot c\cdot 6\cdot 10^{-4} + 1{,}033)^9}{KF_{80^\circ}}. \quad (2)$$

Die Größe K enthält dabei die Viskosität η_0, den Umrechnungsfaktor von SKF gemessen in s in SKF angegeben in Poise, sowie den Umrechnungsfaktor von Kugelfallviskosität SKF in Kugelfallviskosität KF_{80°.

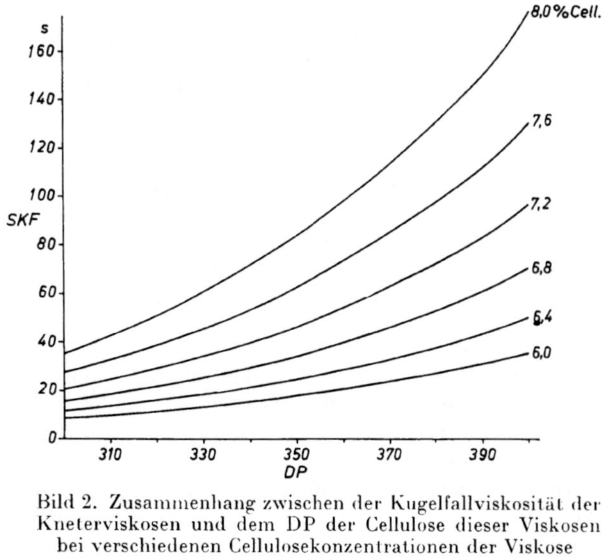

Bild 2. Zusammenhang zwischen der Kugelfallviskosität der Kneterviskosen und dem DP der Cellulose dieser Viskosen bei verschiedenen Cellulosekonzentrationen der Viskose

In der Spalte 7 der Tabelle 1 sind die für die jeweiligen Versuche ermittelten Koeffizienten angegeben. Die Übereinstimmung der Einzelwerte erscheint als befriedigend.

Es ergibt sich nun für den Zusammenhang zwischen dem DP der Cellulose in der Viskose, dem Cellulosegehalt der Viskose und der Kugelfallviskosität SKF die Beziehung

$$DP = \frac{\sqrt[9]{SKF\cdot 96{,}8} - 1{,}033}{c\cdot 6\cdot 10^{-4}}. \quad (3)$$

Dabei wurde, um die allgemeinere Anwendung der Beziehung (3) zu ermöglichen, die mit einer Fallrohrneigung von 80° gemessene Kugelfallviskosität (KF_{80°) in die mit senkrecht aufgehängtem Fallrohr gemessene Kugelfallviskosität (SKF) nach $KF_{80^\circ} = 2{,}88\cdot SKF$ umgewertet.

Ausgehend von der Beziehung (3) wurde das im Bild 2 dargestellte Nomogramm aufgestellt. Dieses hat sich bei der Abschätzung des Einflusses von Schwankungen der Cellulosekonzentrationen der Viskose auf die Kugelfallviskosität in der betrieblichen Praxis bewährt.

Tabelle 2. Abschätzung von Kugelfallviskositäten nach Beziehung (3)

Versuchs-Nr.	Cellulose-gehalt der Viskose [%]	DP der Cellulose in der Viskose	Kugelfallviskosität SKF gemessen [s]	Kugelfallviskosität SKF abgeschätzt [s]	Relative Abweichung von SKF abgeschätzt [%]
8	7,41	345	52,0	50,0	− 4,0
9	7,49	320	35,9	35,5	− 1,1
10	7,33	337	40,0	41,6	+ 4,0
11	7,60	319	33,0	37,8	+14,5
12	7,41	320	40,2	33,5	−16,7
13	7,49	338	42,3	47,4	+12,0
14	7,91	332	57,7	57,8	+ 0,2
15	7,57	359	60,8	69,8	+14,8
Durchschnittswert					8,4

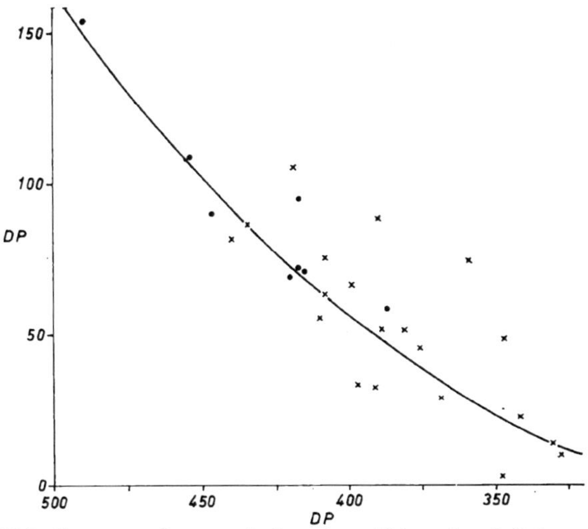

Bild 3. Zusammenhang zwischen dem Abbau der Cellulose bei der Xanthogenierung (ΔDP) und dem DP der jeweiligen Alkalicellulosen am Ende der Vorreife

Um die Genauigkeit der bei bekanntem DP der Cellulose in der Viskose und bekanntem Cellulosegehalt der Viskose mit Beziehung (3) möglichen Abschätzung der Kugelfallviskositäten SKF zu erfassen, wurden in Tabelle 2 von einigen Versuchen die gemessenen Viskositäten den abgeschätzten Viskositäten gegenübergestellt.

Der dabei festgestellte mittlere relative Fehler dieser Abschätzung von etwa 8% kann befriedigen, wenn man berücksichtigt, daß in der betrieblichen Praxis der Endwert des Sollwertbereiches der Kneterviskositäten im allgemeinen 125 bis 140% des Anfangswertes der Sollwerte beträgt und die auftretenden betrieblichen Schwankungen der Viskositäten zeitweise noch erheblich größer sind.

Entsprechend der Problemstellung war der Zusammenhang zwischen dem DP der abgereiften Alkalicellulose und dem nachfolgenden Kettenabbau während der Sulfidierung von besonderem Interesse. Dieser Zusammenhang ist in Bild 3 dargestellt. Dem Diagramm ist zu entnehmen, daß ein klarer Zusammenhang zwischen dem DP der Alkalicellulose zu Beginn der Xanthogenierung und dem Abbau der Cellulose in der Xanthatmaschine besteht. Es ist offenbar so, daß die Geschwindigkeit des Abbaues während der Xanthogenierung unter Schwarzaer Bedingungen vorwiegend vom Ausgangs-DP der Alkalicellulose zu Beginn der Xanthogenierung bestimmt wird. Andere Einflußfaktoren wie Temperaturverlauf und Dauer der Xanthogenierung sowie Natriumsulfidgehalt werden konstant gehalten bzw. schwanken in engen Grenzen.

Als quantitatives Maß für die Abbaugeschwindigkeit während der Xanthogenierung wurde die RGK des Kettenabbaues nach *Lange* [10] ermittelt. Wie aus der Spalte 6 der Tabelle 1 zu entnehmen ist, liegen die RGK zwischen $0{,}07 \cdot 10^{-3}\,h^{-1}\,DP^{-1}$ und $0{,}76 \cdot 10^{-3}\,h^{-1}\,DP^{-1}$. Der Durchschnitt dieser RGK liegt mit etwa $0{,}40 \cdot 10^{-3}\,DP^{-1}\,h^{-1}$ bemerkenswert hoch. Dieses Ergebnis kann im Vergleich zu den Resultaten von *Philipp* [6] vorerst nur so gedeutet werden, daß einmal Zellstoffmischungen mit etwa 70% Buche-Sulfit-Zellstoff zum Einsatz gelangten und daß zum anderen bei einem CS_2-Einsatz von 40 bis 43% bezogen auf Cellulose in der Viskose unter technischen Bedingungen zu Beginn der Sulfidierung möglicherweise eine erhebliche Bildung von Natriumsulfid erfolgt.

5 Zusammenfassung

Es wurde über eine Betriebsmethode zur Bestimmung des DP von Alkalicellulose berichtet, die innerhalb einer Stunde Ergebnisse liefert.

Vergleichende Untersuchungen des DP der Cellulose in der Viskose, des Cellulosegehaltes der Viskose und der Kugelfallviskosität der Viskose im Maßstab eines Viskosefaserbetriebes führten zur Bestätigung der von *Treiber* [3] angegebenen quantitativen Zusammenhänge zwischen diesen Größen. In Anlehnung an *Treiber* wurde ein Nomogramm angefertigt, das unter betrieblichen Bedingungen eine Abschätzung des DP der Cellulose in der Viskose bzw. der Kugelfallviskosität der Viskose gestattet.

Vergleichende Bestimmungen des DP der Alkalicellulose am Ende der Vorreife und des DP der Cellulose in der Viskose ergaben unter Vernachlässigung des geringen Abbaues beim Löseprozeß einen außerordentlich starken Abbau während der Xanthogenierung, der vor allem vom Ausgangs-DP der Alkalicellulose abhängig ist.

Es wurden Zusammenhänge gefunden, die es ermöglichen, aus dem Ergebnis von DP-Bestimmungen der abgereiften Alkalicellulose die Kugelfallviskosität der daraus herzustellenden Viskose abzuschätzen. Demnach können DP-Bestimmungen der gereiften Alkalicellulose und die Ermittlung der Viskosität der Viskose gemeinsam zur Vorreifekontrolle der Alkalicellulose eingesetzt werden. Dabei wäre die DP-Bestimmung vor allem auf Grund ihres Aufwandes zur Verfolgung von starken Veränderungen der Vorreifebedingungen einzusetzen, damit bei der Vorreife auftretende starke Abweichungen von den Sollwerten schneller durch entsprechende Maßnahmen ausgeglichen werden können.

Literatur

[1] *Doering, H.*, Zur Bestimmung des Durchschnittspolymerisationsgrades von Zellstoffen in der Betriebskontrolle. Papier **8** (1954) S. 383—387.
Doering, H., Ein neues Viskosimeter zur Bestimmung der Viskositätszahlen bzw. der Durchschnittspolymerisationsgrade von Zellstoffen in Cuoxam und anderen Lösungsmitteln. Papier **11** (1957) S. 409—412.

[2] *Philipp, B.*, und *Lehmann, R.*, Methodisches zur raschen Bestimmung des Durchschnittspolymerisationsgrades von Alkalicellulosen und Zellstoffen. Zellstoff u. Papier **11** (1962) S. 336—339.

[3] *Treiber, E.*, und *Rehnström, J.*, Viskositäts-Konzentrations-Beziehungen bei technischen Viskosen. Svensk Papperstidn. **62** (1959) S. 1—10.

[4] *Bandel, W.*, Über den Viskositätsverlauf von Viskosen. Melliand Textilber. **36** (1955) S. 427.

[5] *Gohlke, B.*, *Schmiedeknecht, H.*, und *Claus, W.*, Der Abbau der Cellulose bei der Herstellung von Eintopfviskosen. Faserforsch. u. Textiltechn. **14** (1963) S. 51 bis 58.

[6] *Philipp, B.*, und *Dautzenberg, H.*, Untersuchungen zum Abbau der Cellulose während einer Xanthogenierung. Faserforsch. und Textiltechn. **11** (1960) S. 375—382.

[7] *Zamysevskaja, N. N.*, und *Ryzakova, L. A.*, Methodik der Schnellbestimmung des Durchschnittspolymerisationsgrades der Alkalicellulose. Chim. Volokna (Chem. Fasern) **4** (1962) S. 69—71.

[8] *Janatka, J.*, Die Bedeutung des Polymerisationsgrades und der Polydispersität in der Viskosefaserindustrie. Chem. Prûm., Praha **6** (31) (1956) S. 23—27.

[9] *Schulz, G. V.*, und *Plaschke, F.*, Eine Gleichung zur Berechnung der Viskositätszahl für sehr kleine Konzentrationen. J. prakt. Chemie **158** (1941) S. 130.

[10] *Lange, K.*, Über den Chemismus der Alkalicellulosereife. Dissertation Leipzig 1953.

Eingegangen am 16. März 1964

Faserforschung und Textiltechnik 15 (1964) Heft 6

Zur Elementarzusammensetzung verschieden hergestellter Acrylnitrilpolymerisate[1)]

6. Mitteilung zur Analytik der Polyacrylnitrilfasern[2)]

Burkart Philipp, Joachim Ulbricht und Joachim Schmidt

Deutsche Akademie der Wissenschaften zu Berlin, Institut für Faserstoff-Forschung in Teltow-Seehof

DK 678.745.32:541.24
546.17:543.062

Zur Erklärung der gegenüber dem theoretischen Wert zu niedrig gefundenen Stickstoffgehalte von Polyacrylnitril wurden an einer größeren Anzahl verschiedenartig polymerisierter Proben unterschiedlichen Molekulargewichts Stickstoffgehalt nach *Kjeldahl* (verschiedene Aufschlußvarianten) und Wassergehalt, sowie bei den mit $K_2S_2O_8/K_2S_2O_5/Fe^{\cdot\cdot}$ gestarteten Redoxpolymerisaten Schwefel- und Kaliumgehalt bestimmt. Während bei einigen Proben mit hohem Molekulargewicht der theoretische N-Gehalt (26,40%) gefunden wurde, ergab sich bei Redoxpolymerisaten mit sinkendem Molekulargewicht ein zunehmendes „Stickstoffdefizit" auch unter Berücksichtigung des Gehaltes an H_2O und schwefelhaltigen Endgruppen, das offensichtlich nicht auf eine unvollständige Erfassung des Nitrilstickstoffs bei der *Kjeldahl*-Bestimmung zurückzuführen ist.

К вопросу об элементарном составе полученных по различным методам полимеризатов акрилонитрила

Для выяснения вопроса о причинах заниженного по сравнению с теоретическим содержания азота в полиакрилонитриле в большом числе полученных по различным методам образцов полиакрилонитрила с различным молекулярным весом были определены содержание азота по Кьельдалю (различные варианты разложения) и влажность. В образцах, полученных при инициировании окислительно-восстановительной системой $K_2S_2O_8/K_2S_2O_5/Fe^{\cdot\cdot}$, определено также и содержание серы и калия. В то время, как для некоторых проб с большим модекулярным весом было найдено теоретическое содержание азота (26,4%) полимеры, полученные при полимеризации в окислительно-восстановительной системе, показали „дефицит азота", который возрастал с убыванием молекулярного веса и не мог быть об"яснен только за счет содержания влаги и серусодержащих концевых групп. Так как нитрильный азот при применении метода Кьельдаля может быть определен количественно, „дефицит азота", очевидно, не высывается методом определения.

On the Elementary Composition of Different Prepared Acrylonitrile Polymers

To find out the reasons for the too low nitrogen content (as compared to the calculated value) in polyacrylonitrile, we determined content of nitrogen and of water, as well as sulphur and potassium content in a rather large series of acrylonitrile homopolymers of different molecular weight, prepared by differing initiation reactions. Although with some samples of high molecular weight the calculated N-content (26,40%) was found, an increasing deficit in nitrogen content with decreasing molecular weight was stated with redox-polymers ($K_2S_2O_8/K_2S_2O_5/Fe^{\cdot\cdot}$) even when considering H_2O-content and sulphur-containing end-groups. Obviously this deficiency is not due to an incomplete coverage of nitrile-N by the analytical method used.

1 *Einführung*

Trotz der großen technischen Bedeutung des Polyacrylnitrils als faserbildendes Hochpolymeres liegen bisher relativ wenig systematische Untersuchungen vor, die sich mit der analytischen Zusammensetzung solcher Polymerisate befassen. Mit der Frage des Stickstoffgehaltes von Acrylnitrilhomopolymeren und den hierbei beobachteten Abweichungen vom „theoretischen Wert" beschäftigen sich Veröffentlichungen von *Bartels* [2], *Roth* [3], *Skoda* und *Schulz* [4], *Majewska* und *Jordan* [5], *Fester* und *Hendrix* [6], *Pippel* und *Römer* [7] und *Čumačenko* [8], während die Bestimmung geringer Schwefelmengen in diesen Polymerisaten sowohl rein methodisch [9] als auch im Zusammenhang mit der Frage des Einbaus von Endgruppen aus schwefelhaltigen Redox-Initiatorsystemen behandelt wurde, so z. B. von *Matsubara* [10], *Tsuda* [11, 12], *Yamadera* [13] und *Beder* und *Pakšver* [14].

Unsere eigenen Arbeiten sollten in erster Linie beitragen zur Klärung der Ursachen des verschiedentlich beobachteten „Stickstoffdefizits" von Acrylnitrilhomopolymeren gegenüber dem berechneten Wert von 26,40% N, da die bisherigen Ergebnisse keine Entscheidung darüber zulassen, ob es sich hier um eine unvollständige Erfassung des im Polymeren vorhandenen Stickstoffs, also letzten Endes um einen „Analysenfehler" handelt, oder ob der Stickstoffgehalt tatsächlich signifikant unter 26,4% liegen kann. Wir verglichen daher sowohl verschiedene Varianten der Stickstoffbestimmung nach *Kjeldahl* an ein und demselben Polymerisat als auch die unter Anwendung einer festgelegten Arbeitsvorschrift erhaltenen Stickstoffgehalte bei einer größeren Anzahl von Homopolymeren, die sich hinsichtlich Polymerisationsmechanismus, Durchschnittspolymerisationsgrad und Vorbehandlung unterschieden. Zur Aufstellung einer Stickstoffbilanz mußten möglichst alle in Frage kommenden Fremdbestandteile mit berücksichtigt werden, d. h. bei den meisten unserer Polymerisate die aus den schwefelhaltigen Initiatorsystemen stammenden Endgruppen und niedermolekularen Verunreinigungen, die durch Bestimmung des Schwefel- und des Kaliumgehaltes erfaßt wurden, sowie der in allen Fällen vorhandene Wassergehalt. Auch hinsichtlich dieser „Fremdbestandteile" sollte geprüft werden, inwieweit ihre Menge vom Molekulargewicht des Polymeren abhängt und durch vorheriges Umfällen oder Extrahieren der Probe beeinflußt wird.

2 *Methodisches zur Herstellung und analytischen Charakterisierung der Polymerisate*

2.1 *Zur Herstellung und Vorbehandlung der Polymerisate*

Wir verwendeten zumeist Redox-Fällungspolymerisate, über deren Herstellung in dieser Zeitschrift bereits berichtet wurde [15]. Als Initiatorsystem diente bei den im folgenden mit „R" bezeichneten Proben Kaliumpersulfat-Natriumthiosulfat-Eisen-II-Salz bzw. Kaliumpersulfat-Kaliummetabisulfit-Eisen-II-Salz; einzelne Ansätze (Bezeichnung „KR")

[1)] Z. T. entnommen aus einem Vortrag, gehalten von *J. Schmidt* zum „Chemiefasersymposium 1962" in *Weimar*, der bisher nur auszugsweise veröffentlicht wurde [1].

[2)] 5. Mitt. s. [25].

enthielten außerdem Thioglycolsäureäthylester als Kettenregler. Die angegebenen Molekulargewichte wurden viskosimetrisch unter Verwendung der Viskositäts-Molekulargewichts-Beziehung von *Krigbaum* [16] ermittelt. Zum Vergleich zogen wir neben einigen großtechnisch hergestellten Redox-Fällungspolymerisaten (Bezeichnung „T") eine Reihe von Lösungspolymerisaten (Bezeichnung „L") heran, die mit Azodiisobuttersäurenitril in Dimethylformamid als Lösungsmittel gestartet wurden [17], sowie verschiedene anionisch unter Verwendung von Natriumhydrogensulfid [18] polymerisierte Proben (Bezeichnung „AN"). Im Falle der Lösungspolymerisate wurde im Hinblick auf die gegenüber Fällungspolymerisaten wesentlich engere Kettenlängenverteilung [19] die von *Onyon* [20] veröffentlichte Viskositäts-Molekulargewichtsbeziehung bei der Errechnung des viskosimetrischen Molekulargewichts zugrunde gelegt. Soweit nicht anders angegeben, wurden die Polymerisate nach der Herstellung durch Filtration abgetrennt bzw. die Lösungspolymerisate in Methanol ausgefällt, dann auf einer Glasfritte gründlich mit kaltem destilliertem Wasser gewaschen, im Trockenschrank bei ca. 60 °C 30 h getrocknet und in diesem Zustand für die folgenden analytischen Untersuchungen eingesetzt. Bei einigen Versuchsreihen wurden die Proben vorher ein- oder mehrmals aus Dimethylformamid in Wasser umgefällt bzw. mit heißem Wasser im Soxhlet extrahiert.

2.2 *Zur Stickstoffbestimmung in Homopolymeren des Acrylnitrils*

Aufbauend auf frühere Untersuchungen von *Bartels* [2] wurden zunächst an einigen Polymerisaten verschiedene Aufschlußvarianten der Stickstoffbestimmung nach *Kjeldahl* verglichen, wobei nach folgender Vorschrift im Halbmikromaßstab gearbeitet wurde: Einwaagen von 60 bis 100 mg wurden in einem 250 ml-*Kjeldahl*-Kolben mit 10 ml H_2SO_4 konz. sowie dem entsprechenden Aufschlußbeschleuniger versetzt und über kleiner Flamme während 6 bis 8 h aufgeschlossen. Zur Destillation diente eine Schliffapparatur nach *Parnass-Wagner*. Vorgelegt wurden 25,0 ml n/10 H_2SO_4, zurücktitriert wurde mit n/10 NaOH gegen Mischindikator nach *Taschiro* [21] auf graublau (pH 5,4), Reagenzienblindwerte wurden berücksichtigt.

Tabelle 1 zeigt anhand eines Beispiels die mit den drei verschiedenen Aufschlußgemischen

K_2SO_4, $CuSO_4$

Na_2SO_4, $CuSO_4$, Se nach *Wieninger* [22, 23]

$CuSO_4$, Na_2SO_4, Hg, HgO nach *Skoda* und *Schulz* [4]

erhaltenen Stickstoffwerte. Hinsichtlich Höhe des Stickstoffgehaltes und Reproduzierbarkeit ergaben sich keine gesicherten Unterschiede zwischen dem von *Hendrix* und *Fester* [6] bevorzugten „Selenaufschluß" nach *Wieninger* und dem „klassischen" Aufschluß mit Kaliumsulfat-Kupfersulfat, wobei das letztgenannte Gemisch gerade bei Serienanalysen noch den Vorteil des niedrigen Preises und der Ungiftigkeit aufweist. Mit dem Quecksilberaufschluß [4] erhielten wir stets signifikant niedrigere Stickstoffwerte. Der von uns bei Polyamiden mit gutem Erfolg angewandte Aufschluß mit V_2O_5 lieferte bei Polyacrylnitril Stickstoffgehalte, die zu niedrigeren Werten tendieren, bei gleichzeitig schlechterer Reproduzierbarkeit. Für die folgenden Versuchsreihen wurde von uns ausschließlich K_2SO_4/$CuSO_4$ als Aufschlußkatalysator herangezogen. Da mit sämtlichen Methoden Stickstoffgehalte weit unterhalb des theoretischen Wertes gefunden wurden, prüften wir an drei Polymerisaten unterschiedlichen Molekulargewichts, wie sich eine Verlängerung der Aufschlußzeit von ca. 8 h auf 10 Tage auswirkt, konnten jedoch *keinen* signifikanten Anstieg des N-Gehaltes feststellen, so daß eine Aufschlußzeit von ca. 8 h grundsätzlich beibehalten wurde (Tabelle 2).

Tabelle 1. Stickstoffbestimmung nach Kjeldahl an einem Acrylnitrilhomopolymerisat (Redox-Polymerisat, Mol.-Gew. 34700) mit verschiedenen Aufschlußbeschleunigern

Aufschlußbeschleuniger	Stickstoffgehalt [%] Einzelwerte	Mittelwert	Standardabweichung *s*
nach *Skoda* und *Schurz* [4] 1 g $CuSO_4$, 2 g Na_2SO_4, 0,5 g HgO, 0,2 g Hg	24,81 24,96 25,04 24,86 24,97 24,80 25,24	24,95	0,15
nach *Wieninger* [22, 23] $CuSO_4$, Na_2SO_4, Se (2,5 g des Reaktionsgemisches von *Merck*)	25,88 25,90 25,87 25,83 25,79 25,82 25,82 25,91 25,96 25,91 25,92 26,01	25,89	0,04
0,7 g $CuSO_4$, 1,8 g K_2SO_4	25,91 25,95 25,98 25,95 25,90 25,90 25,97 25,94 25,94	25,94	0,04

2.3 *Bestimmung geringer Schwefelmengen in Polyacrylnitril*

Über unsere methodischen Arbeiten zur Schwefelbestimmung in Polyacrylnitril auf komplexometrischem [24], nephelometrischem [24] und potentio-

Tabelle 2. Der Einfluß der Aufschlußzeit der Kjeldahl-Analyse bei Verwendung des Aufschlußgemisches $K_2SO_4/CuOS_4$

Bezeichnung der Polymerisate	Mol.-Gew. nach *Krigbaum*	Stickstoffgehalt [%] (ohne Wartezeit) Einzelwerte	Mittelwert	Standardabweichung *s*	Stickstoffgehalt [%] (nach 10 Tagen Wartezeit) Einzelwerte	Mittelwert	Standardabweichung *s*
KR 18 + 19	8400	25,33 25,41 25,45 25,42 25,44 25,43 25,49 25,47	25,43	0,06	25,50 25,47 25,59 25,51 25,47 25,50 25,43 25,46 25,39	25,48	0,06
L 712	34950	26,18 26,19 26,19	26,19	0,01	26,17 26,15 26,19	26,17	0,03
R 100/XII	34700	25,72 25,76 25,72 25,76 25,79 25,79	25,76	0,03	25,76 25,74 25,78 25,80 25,79 25,85	25,79	0,04

metrischem bzw. polarographischem [25] Wege wurde bereits berichtet. Die im folgenden angegebenen Schwefelwerte wurden durch nephelometrische Bestimmung als $BaSO_4$ nach nassem Aufschluß mit HNO_3-HClO_4 erhalten [24].

2.4 Bestimmung geringer Kaliummengen in Polyacrylnitril

Die Bestimmung geringer Kaliummengen im Bereich 80 bis 300 ppm erfolgte nach nassem Aufschluß flammenphotometrisch unter Verwendung des Flammenphotometers „Modell III" vom VEB Carl Zeiss, Jena, das im wesentlichen nach dem von *Schuhknecht* [26] angegebenen Prinzip arbeitet, und einer mittels einer Standard-KCl-Lösung aufgestellten Eichkurve. Zum Aufschluß wurden Einwaagen von ca. 0,5 bis 1 g mit 40 bis 60 ml HNO_3-HClO_4-Aufschlußmischung [24] behandelt, dann abgedampft, mit H_2O dest. aufgenommen und auf 25 ml aufgefüllt.

2.5 Zur Bestimmung des Wassergehaltes von Acrylnitrilhomopolymerisaten

Zur Bestimmung des Wassergehaltes zogen wir zunächst den Gewichtsverlust nach Trocknung in einem Umlufttrockenschrank bei 105 °C heran. Nach dreistündiger Trocknung erhielten wir unter diesen Bedingungen gut reproduzierbare Gewichtsverluste, die je nach Ausgangspolymeren und Vorbehandlung (Vorklimatisierung) zwischen 0,8 und 1,5% lagen, ohne daß ein systematischer Gang, etwa mit dem Molekulargewicht, festzustellen war. Eine Verlängerung der Trocknungsdauer führte nur noch zu geringer Gewichtsabnahme, wobei allerdings auch nach langer Trocknungszeit noch kein völlig konstanter Endwert erreicht wurde. An vorklimatisierten und dann 3 h bei 105 °C getrockneten Proben beobachteten wir innerhalb von 10 min zunächst eine sehr rasche Wiederaufnahme von Wasserdampf bis zu etwa 40% der Ausgangsmenge, jedoch wurden bei anschließender Wiederklimatisierung auch nach Tagen nur 70 bis 80% des beim Trocknen erlittenen Gewichtsverlustes wieder aufgenommen. Die naheliegende Vermutung, daß beim Trocknen möglicherweise außer Wasserdampf noch andere flüchtige Bestandteile entweichen könnten, veranlaßte uns zur Kontrolle der gefundenen Gewichtsverluste durch titrimetrische Wasserbestimmung nach *Karl Fischer* sowie durch Anwendung der speziell für Hochpolymere entwickelten kombinierten Methode nach *Reid* und *Turner* [27], bei der die Probe im Stickstoffstrom erhitzt und der im Stickstoffstrom entweichende Wasserdampf dann in absolut trockenem Methanol aufgenommen und nach *Karl Fischer* titriert wird. Die Ergebnisse sollen anhand des in Tabelle 3 gegebenen Vergleichs besprochen werden.

Der Trocknungsverlust liegt eindeutig höher als der nach *Karl Fischer* titrimetrisch bestimmte Wassergehalt, was sowohl durch das Entweichen anderer flüchtiger Komponenten als Wasser als auch durch eine nicht völlige Erfassung des vorhandenen Wassers beim Aufschlämmen in absolut trockenem Methanol vor der *Karl-Fischer*-Titration erklärt werden könnte. Die nach *Reid* und *Turner* [27] gefundenen Wassergehalte liegen zwar ein wenig über den durch *Karl-Fischer*-Titration gefundenen Werten, aber noch immer beträchtlich tiefer als die Trocknungsverluste. Die

Tabelle 3. Vergleich verschiedener Methoden zur Wasserbestimmung an einer Polyacrylnitrilprobe

Methode	Einzelwerte			Mittelwert
Umlufttrocknung 105 °C/3 h	1,02	0,99		1,00
Umlufttrocknung 120 °C/30 min	1,04	1,00		1,02
Karl-Fischer-Titration nach 1 h Aufschlämmen in Methanol	0,56	0,54		0,55
Reid u. *Turner* 120 °C/30 min N_2-Strom	0,66	0,68	0,75	0,70

Diskrepanz zwischen Trocknungsverlust und Wassergehalt nach *Karl Fischer* ist also überwiegend auf den ersten der oben genannten Faktoren zurückzuführen. Da u. E. die nach *Reid* und *Turner* erhaltenen Analysenwerte dem wahren Wassergehalt am nächsten kommen, die Methode jedoch für Routinebestimmungen zu aufwendig ist, erscheint für Serienanalysen die *Karl-Fischer*-Titration geeigneter als eine Bestimmung des Trocknungsverlustes. Sie wurde daher für die folgenden Untersuchungen stets herangezogen, wobei ca. 500 mg Polymerisat 1 h in austitriertem, also wasserfreiem Methanol aufgeschlämmt und dann visuell oder amperometrisch — zwischen beiden Anzeigemethoden ergab sich kein Unterschied — mit handelsüblicher *Karl-Fischer*-Lösung[3]) (1 ml $\sim$ 2 mg H_2O) austitriert wurde.

3 Systematische Untersuchungen zur Zusammensetzung verschiedenartiger Acrylnitrilhomopolymerisate

3.1 Abhängigkeit des Stickstoffgehaltes vom Molekulargewicht und Initiatorsystem

Zunächst wurden drei Versuchsserien mit Redoxfällungspolymerisaten ansteigenden Molekulargewichts im Bereich zwischen 8000 und 500000 durchgeführt, wobei jeweils von Serie zu Serie das Initiatorsystem variiert wurde. Die in den Tabellen 4 bis 6 zusammengefaßten Ergebnisse vermitteln einen Eindruck von der guten Reproduzierbarkeit der Stickstoffbestimmung nach *Kjeldahl* bei Polyacrylnitril und zeigen in allen Fällen einen deutlichen Anstieg des Stickstoffgehaltes mit zunehmendem Molekulargewicht.

In Tabelle 7 sind die Stickstoffgehalte einer vergleichsweise mit untersuchten Serie von Lösungspolymerisaten, die in Dimethylformamid mit Azodiisobuttersäurenitril gestartet wurden, aufgeführt. Hier wurde gleichzeitig eine Wasserbestimmung nach *Karl Fischer* vorgenommen und mit Hilfe der gefundenen Wassergehalte eine Korrektur des Stickstoffgehaltes auf absolut trockenes Polymerisat vorgenommen.

Ein Vergleich der vier Serien erfolgt zweckmäßigerweise anhand von Bild 1, wo der „korrigierte" Stickstoffgehalt gegen das Molekulargewicht aufgetragen ist. Zur Korrektur der Werte aus Tabelle 4 bis 6 wurde ein Mittelwert des Wassergehaltes von 0,8% entsprechend einem Korrekturwert von + 0,2% Stickstoff benutzt, da der Wassergehalt der hier untersuchten

[3]) Feinchemie K.G. Sebnitz

Tabelle 4. Stickstoffgehalte von Fällungspolymerisaten unterschiedlichen Molekulargewichts

Redoxsystem: Kaliumpersulfat, Natriumthiosulfat, Eisen-II-Salz

Probenbezeichnung	Molekulargewicht	Stickstoffgehalt [%] Einzelwerte		Mittelwert
R 575	43230	25,71	25,71	25,71
R 569	75842	25,80	25,81	25,80
R 588	106700	25,84	25,85	25,85
R 586	190200	25,90	25,89	25,90
R 585	338900	25,98	25,97	25,98
R 553	364200	25,91	25,92	25,92
R 584	512400	26,04	26,05	26,05

Tabelle 5. Stickstoffgehalte von Fällungspolymerisaten unterschiedlichen Molekulargewichts

Redoxsystem: Kaliumpersulfat, Kaliummetabisulfit, Eisen-II-Salz

Probenbezeichnung	Molekulargewicht	Stickstoffgehalt [%] Einzelwerte		Mittelwert
R 566	34440	25,73	25,75	25,74
R 565	78000	25,83	25,81	25,82
R 591	91250	25,93	25,97	25,95
R 561	112800	25,94	25,96	25,95
R 559	113400	25,97	25,95	25,96
R 557	122200	25,90	25,93	25,91
R 560	122200	25,99	25,93	25,96
R 558	127000	25,96	25,96	25,96
R 556	162200	26,08	26,20	26,14
R 564	400300	26,14	26,15	26,15

Tabelle 6. Stickstoffgehalte von Fällungspolymerisaten unterschiedlichen Molekulargewichts

Redoxsystem: Kaliumpersulfat, Kaliummetabisulfit, Eisen-II-Salz
Kettenregler: Thioglycolsäureäthylester

Probenbezeichnung	Molekulargewicht	Stickstoffgehalt [%] Mittelwert aus 5 bis 9 Einzelbestimmungen	Standardabweichung *s*
KR 18 + 19	8400	25,35	0,06
KR 76	34200	25,66	0,06
KR 74	45600	25,82	0,07
KR 74a	64600	25,90	0,11

Tabelle 7. Stickstoffgehalte von Lösungspolymerisaten unterschiedlichen Molekulargewichts

Proben-Nr.	Molekulargewicht	Stickstoffgehalt [%] Mittelwert aus 2 bis 5 Einzelbest.	Standardabweichung	Wassergehalt [%]	Stickstoffgehalt *N* korrig. [%]
L 100	28900	26,04	0,05	0,74	26,23
L 101	36310	25,76	0,05	0,90	25,99
L 102	46730	26,12	0,08	0,58	26,27
L 103	52430	26,10	0,07	0,58	26,25
L 104	52440	25,99	0,05	0,88	26,20
L 105	66080	26,02	0,06	0,78	26,22
L 106	151600	26,27	0,06	0,60	26,43
L 107	178500	26,29	0,04	0,62	26,45

Polymerisate stets innerhalb der Grenzen von 0,6 bis 1,0% H_2O lag, der Fehler unseres Korrekturwertes also maximal ± 0,05 %N betragen kann. Bei sehr hohen Molekulargewichten wurden sowohl bei mit Kaliumsulfat-Kaliummetabisulfit-Eisen-II-Salz initiierten Fällungspolymeren, wie auch bei Lösungspolymerisaten korrigierte Stickstoffgehalte gefunden, die sich nicht signifikant vom theoretischen Wert von 26,40% unterscheiden und in zwei Fällen sogar etwas darüberliegen.

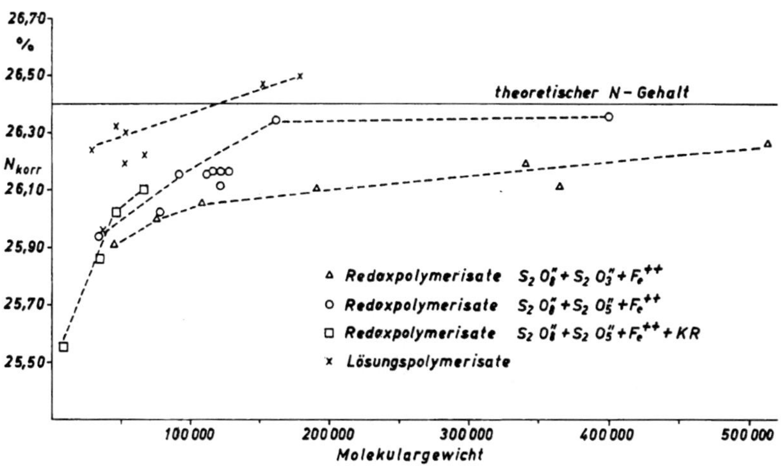

Bild 1. Abhängigkeit des Stickstoffgehalts der Polymerisate von ihrem Molekulargewicht

Wir sehen darin einen Beweis, daß es grundsätzlich möglich ist, den gesamten Nitrilstickstoff in einem Polyacrylnitril durch *Kjeldahl*-Bestimmung zu erfassen, und daß offensichtlich ein zumeist beobachtetes „Stickstoffdefizit" auf Abweichungen der Probenzusammensetzung von der Bruttoformel $(C_3H_3N)_n$ zurückzuführen ist und nicht auf einen Analysenfehler. Mit sinkendem Molekulargewicht nimmt bei Redoxfällungspolymerisaten der Stickstoffgehalt zunehmend stärker ab, wobei ein Vergleich der drei Serien (Tabellen 4, 5 und 6) darauf hindeutet, daß bei vergleichbaren Molekulargewichten das „Stickstoffdefizit" für die mit Persulfat-Metabisulfit gestarteten Proben etwas geringer ist als bei Verwendung von Persulfat-Thiosulfat oder bei Zusatz eines Kettenreglers. Im Gegensatz zu den Fällungspolymerisaten liegt bei Lösungspolymerisaten der Stickstoffgehalt bei niedrigen Molekulargewichten ca. 0,3% höher, und ein Abfall mit sinkendem Molekulargewicht läßt sich allenfalls als geringe Tendenz feststellen, wenn man die beiden hochmolekularen Proben L 106 und L 107 mit den übrigen, im Molekulargewicht unter 100000 liegenden vergleicht.

3.2 *Abhängigkeit des Schwefel- und des Kaliumgehaltes bei Redoxfällungspolymerisation von Molekulargewicht und Vorbehandlung*

Der starke Abfall des Stickstoffgehaltes mit sinkendem Molekulargewicht bei allen Redoxfällungspolymerisaten legte die Vermutung nahe, daß dieses auch nach Berücksichtigung des Wassergehaltes vorhandene Stickstoffdefizit mindestens teilweise auf die Anwesenheit schwefelhaltiger Endgruppen (Sulfonat- und Sulfatgruppen, vgl. [28]) und gegebenenfalls auf durch Auswaschen nicht völlig entfernte anorganische Salze aus dem Initiatorsystem zurückzuführen sei, deren Anzahl bzw. Menge mit sinkendem Molekulargewicht, also ansteigender Initiatorkonzentration zunehmen sollte. In Tabelle 8 sind die Ergebnisse der Schwefel- und der Kaliumbestimmung an einigen Redoxfällungspolymerisaten unterschiedlichen Molekulargewichts sowie die Stickstoff- und Schwefelwerte einer Serie anionisch mit NaHS polymerisierter Proben zusammengefaßt.

Sowohl bei den Redoxfällungspolymerisaten als auch bei den anionisch polymerisierten Proben ist die erwartete Abnahme des Schwefelgehaltes und im ersten Falle auch des Kaliumgehaltes mit steigendem Molekulargewicht zu beobachten. Eine Gegenüberstellung der Schwefel- und Kaliumgehalte bei den Redoxfällungspolymerisaten ergibt ein Molverhältnis $S:K$ zwischen 1:0,13 und 1:0,70 in Übereinstimmung mit den Ergebnissen potentiometrischer Titrationen [28], wonach Sulfonat- und Sulfatendgruppen überwiegend in der freien H^+-Form und nur zum kleineren Teil versalzt mit Na^+ oder K^+ vorliegen.

Um festzustellen, inwieweit der in Redoxfällungspolymerisaten gefundene Schwefel- und Kaliumgehalt in Form niedermolekularer, wasserlöslicher Substanzen vorliegt, wurden einige Polymerisate sowohl aus Dimethylformamid in Wasser umgefällt als auch mehrfach in Wasser aufgeschlämmt bzw. mit heißem Wasser extrahiert (Tabelle 9).

Durch alle drei Reinigungsoperationen ist offensichtlich ein beträchtlicher Rückgang des Schwefel- wie auch des Kaliumgehaltes der Proben zu erreichen. Beim Umfällen aus DMF in Wasser nimmt der Kaliumgehalt stärker ab als der Schwefelgehalt, während gleichzeitig das viskosimetrisch ermittelte Molekulargewicht merklich ansteigt. Dieser Anstieg erscheint wesentlich größer,

Tabelle 8. Analysendaten von Redoxpolymerisaten und anionisch polymerisierten Proben verschiedenen Molekulargewichts

Probenbezeichnung	Molekulargewicht	Mittelwert N [%]	Mittelwert S [%]	Mittelwert K [%]
KR 18 + 19	8400		0,271	0,132
R 567	10300		0,260	—
KR 76	34200		0,083	0,055
R 45	41600		0,126	0,035
KR 8	42800		0,078	0,022
R 563	133200		0,033	—
R 9	195100		0,010	0,007
AN I	↓ steigendes Mol.-Gew.	25,28	0,203	
AN II		25,51	0,112	
AN III		25,66	0,064	
AN IV		—	0,033	

Tabelle 9. Schwefel- und Kaliumgehalte von Redoxfällungspolymerisaten nach verschiedener Vorbehandlung

Probenbezeichnung	Vorbehandlung	Molekulargewicht	Mittelwert S [%]	Mittelwert K [%]
R 45	unbehandelt	41600	0,126	0,035
	1 × umgefällt	44500	0,106	0,018
	2 × umgefällt	47500	0,085	0,015
	3 × umgefällt	49600	0,071	0,012
	4 × umgefällt	50500	0,057	0,010
	5 × umgefällt	57700	0,051	0,008
	30 h m. heißem H_2O extrahiert			0,007
T 200*)	unbehandelt	~30000	0,204	0,017
	30 h m. heißem H_2O extrahiert		0,012	0,004
R 605*)	unbehandelt		0,172	0,068
	2 × aufgeschlämmt		—	0,050
	4 × aufgeschlämmt		0,099	—
	6 × aufgeschlämmt			0,041
	mit H_2SO_4 versetztem H_2O aufgeschlämmt			0,016

*) Der Schwefelgehalt dieser Proben wurde mit Hilfe der Methylenblau-Methode erhalten [30].

als daß er allein durch eine Entfernung niedermolekularer Verunreinigungen und eine dadurch bedingte Erhöhung der „wahren Polymerkonzentration" bei gleicher Einwaage hervorgerufen werden könnte. Wir möchten vielmehr annehmen, daß auch kürzere Polymerketten beim Umfällen in beträchtlichem Umfange in Lösung zurückbleiben, also ein echter Fraktioniereffekt vorliegt, der durch zur Zeit laufende osmotische Messungen noch experimentell gesichert werden soll [29]. Die besonders starke Abnahme des Kaliumgehaltes beim Aufschlämmen mit schwefelsäurehaltigem Wasser läßt sich zwanglos durch Ionenaustausch an sauren Endgruppen des Polymeren erklären.

4 *Zusammenfassende Diskussion und Schlußfolgerungen*

Zur Aufklärung der Ursachen des bei der Analyse von Polyacrylnitrilproben wiederholt beobachteten „Stickstoffdefizits" wurden verschiedene Varianten einer Stickstoffbestimmung nach *Kjeldahl* und eine Bestimmung des Wassergehaltes der Polymerisate gegenübergestellt. Nach unseren Ergebnissen besteht keine Veranlassung, für Polyacrylnitril den gut reproduzierbaren und rasch durchführbaren Aufschluß mit $K_2SO_4/CuSO_4$ zugunsten eines Se- oder Hg-haltigen Katalysatorgemisches zu verlassen, da mit letzterem in keinem Falle höhere Stickstoffgehalte gefunden werden, also ebenfalls ein „Stickstoffdefizit" auftritt wie mit der „klassischen" Aufschlußmischung $K_2SO_4/CuSO_4$. Zur genauen Bestimmung geringerer Wassermengen erscheint eine *Karl-Fischer*-Titration geeigneter als die Ermittlung des Gewichtsverlustes durch Ofentrocknung, da nach den hier vorliegenden Ergebnissen schon bei einer Trocknungstemperatur von 105 °C mit dem Entweichen noch anderer flüchtiger Bestandteile gerechnet werden muß.

Unter Berücksichtigung des bei lufttrockenen Polymerisaten normalerweise ca. 0,8% betragenden und nach unseren Erfahrungen vom Molekulargewicht weitgehend unabhängigen Wassergehaltes wurden sowohl bei Lösungs- wie bei Redoxfällungspolymerisaten sehr hohen Molekulargewichts (> 100000 bzw. > 400000) Stickstoffgehalte zwischen 26,35 und 26,45% N gefunden, die somit durchaus dem theoretischen Wert von 26,40% entsprachen. Wir möchten daraus schließen, daß es sich bei dem viel diskutierten „Stickstoffdefizit" nicht um einen Analysenfehler, sondern um tatsächliche Abweichungen in der Probenzusammensetzung handelt, zumal dieses „Stickstoffdefizit" bei allen Redoxfällungspolymerisaten und bei anionisch mit NaHS gestarteten Polymerproben systematisch mit sinkendem Molekulargewicht zunimmt, worauf bereits früher von *Roth* [3] hingewiesen wurde. Daß bei Azodiisobuttersäurenitril-initiierten Lösungspolymerisaten ein solches Defizit mit fallendem Molekulargewicht allenfalls als schwache Tendenz erkennbar ist, erscheint insofern einleuchtend, als hier die Faktoren weitgehend ausgeschaltet sind, die eine von der theoretischen Bruttoformel $(C_3H_3N)_n$ abweichende Zusammensetzung bedingen: Die aus Initiatorradikalen bzw. aus intermediär durch Übertragung gebildeten Dimethylformamidradikalen stammenden Endgruppen haben einen ähnlich hohen Stickstoffgehalt wie die Kettenglieder selbst, und ein Verbleiben anorganischer Salze im Polymeren ist von vornherein ausgeschlossen.

Eine Bestimmung des Schwefelgehaltes in Persulfat-Metabisulfit-gestarteten Fällungspolymerisaten ergab die auf Grund des Stickstoffdefizits zu erwartende Abhängigkeit von dem Molekulargewicht, nämlich eine Abnahme mit steigendem Molgewicht. Durch Umfällung oder Heißwasserextraktion konnte bei Proben mit niedrigem und mittlerem Molekulargewicht eine beträchtliche Verringerung des Schwefelgehaltes erreicht werden, wobei gleichzeitig das viskosimetrische Molekulargewicht merklich anstieg, wahrscheinlich infolge Entfernung kürzerer Polymerketten.

Wie Tabelle 10 zeigt, ergibt sich bei einer Probe mittleren Molekulargewichts nach mehrmaligem Umfällen bzw. nach Heißwasserextraktion ein befriedigend konstantes Verhältnis für die Anzahl der S-Atome pro Polymerkette, das unter Zugrundelegung der hier verwendeten Molekulargewichtsbeziehung etwa dem Wert 1 entspricht. Bei einigen höhermolekularen Proben wurde der gleiche Wert schon in unbehandeltem Zustand gefunden. Da keine unmittelbar bestimmten Zahlenmittelwerte vorlagen, sondern nur eine, allerdings auf osmotische Messungen bezogene, Viskositäts-Molekulargewichts-Beziehung als Berechnungsgrundlage diente, ist der gefundene Absolutwert von ca. 1 S-Atom pro Kette natürlich nur unter Vorbehalt zu betrachten. Immerhin spricht vor allem die Konstanz des Quotienten $\frac{\text{S-Atome}}{\text{Polymerkette}}$ dafür, daß nach einer gewissen Anzahl von Umfällungsoperationen bzw. nach Heißwasserextraktion der gesamte Schwefel in Form von Endgruppen vorliegt. Diese Ergebnisse sind in Übereinstimmung mit Feststellungen von *Tsuda* [11] bei der Polymerisation von Acrylnitril in wäßrigem Medium mit markiertem Kaliumpersulfat als Initiator.

Tabelle 10. Zusammenhang zwischen Schwefelgehalt und Molgewicht bei Redoxfällungspolymerisaten

Probenbezeichnung	Vorbehandlung	Molekulargewicht	Mittelwert S [%]	S-Atome / Polymerkette
R 45	unvorbehandelt	41600	0,132	1,71
	1 × umgefällt	44500	0,113	1,57
	2 × umgefällt	47500	0,087	1,29
	3 × umgefällt	49600	0,067	1,04
	4 × umgefällt	50500	0,058	0,91
	5 × umgefällt	57700	0,051	0,92
	30 h heiß m. dest. H_2O extrahiert	41200	0,084	1,06

Die Aufstellung einer Stickstoffbilanz führt bei Redoxfällungspolymerisaten niederen und mittleren Molekulargewichts zu dem Schluß, daß auch nach Berücksichtigung des Wassergehaltes, sowie des Schwefel- und des Kaliumgehaltes in Form von $-SO_3K$ bzw. $-SO_3H$-Endgruppen noch ein Stickstoffdefizit verbleibt, dessen Höhe je nach Molekulargewicht bis zu 0,3% N und mehr beträgt. Da als anorganische Verunreinigungen nur schwefelhaltige Salze wie Alkalisulfit oder Alkalisulfat in Frage kommen und einige Aschebestimmungen auch wie erwartet sehr niedrige Werte ergaben, bleibt nur die Annahme übrig, daß tatsächlich das Polymere selbst mit sinkendem Molekulargewicht in zunehmendem Maße Abweichungen im chemischen Aufbau gegenüber der theoretischen Bruttoformel aufweist.

Für die sorgfältige Ausführung der zahlreichen Stickstoffbestimmungen sei an dieser Stelle besonders Frl. *G. Krüger* gedankt.

Literatur

[1] *Philipp, B.*, und *Schmidt, J.*, Analytische Untersuchungen an Acrylnitrilreinpolymerisaten. Vortrag, gehalten von *J. Schmidt* zum „CHEMIEFASER-SYMPOSIUM 1962" vom 28. bis 31. März 1962 in Weimar, veröffentlicht Abh. dt. Akad. Wiss. Berlin, Kl. Chemie, Geol., Biol. (1963) S. 347–348.

[2] *Bartels, U.*, Zur Stickstoffbestimmung in Polyacrylnitril. Faserforsch. u. Textiltechn. 8 (1957) S. 194–195.

[3] *Roth, E.*, Über die Herstellung und vergleichende Untersuchung von Acrylnitrilpolymeren unter besonderer Berücksichtigung verzweigter Polyacrylnitrile. Das Verspinnen dieser Polymerisate zu Fasern. Dissertation Ernst-Moritz-Arndt-Universität zu Greifswald 1956.

[4] *Skoda, W.*, und *Schurz, J.*, Stickstoffbestimmung in Hochpolymeren. Z. analyt. Chemie **162** (1958) S. 259 bis 262.

[5] *Majewska, J.*, und *Jordan, M.*, Eine Methode der Stickstoffbestimmung in Acrylnitrilpolymeren. Chem. analit. (Warszawa) **5** (1960) S. 1039–1044.

[6] *Fester, W.*, und *Hendrix, H.*, Analytische Untersuchungen an Polyacrylnitril und Polyesterfasern. Forschungsber. des Landes Nordrhein-Westfalen Nr. 1157. Köln und Opladen: Westdeutscher Verlag 1963.

[7] *Pippel, G.*, und *Römer, S.*, Über eine Mikromethode zur Bestimmung des Stickstoffs in organischen Substanzen (abgeänderte Dumas-Methode). Chem. Technik **15** (1963) S. 173–176.

[8] *Čumačenko, M. N.*, Gasometrische Stickstoffbestimmung in schwer verbrennbaren Substanzen nach Dumas-Pregl. Izv. Akad. Nauk. SSSR, Serija chim. (Nachr. Akad. Wiss. UdSSR, Chemie (1963) 11, S. 1893–1898.

[9] *Schmidt, J.*, Diplomarbeit Humboldt-Universität Berlin 1961.

[10] *Matsubara, I.*, Nachweis der Endgruppen in Polyacrylnitril durch Differential-IR-Spektroskopie. Bull. chem. Soc. Japan **33** (1960) S. 1624–1626.

[11] *Tsuda, Y.*, A Radiotracer Study of Aqueous Polymerization of Acrylonitrile Using Potassium Persulfat Initiator. Chem. high Polymers, Tokyo **17** (1960) S. 364–366.

[12] *Tsuda, Y.*, A Tracer Study of the Persulfate-Bisulfite-Catalyzed Polymerization of Acrylonitrile. J. appl. Polymer Sci. **5** (1961) S. 104—107.

[13] *Yamadera, R.*, Detection of the endgroup of polyacrylonitriles by infrared spectrosocopy. J. Polymer Sci. **50** (1961) S. S4—S7.

[14] *Beder, N. M.*, und *Pakšver, A. B.*, Einfluß der Eigenschaften der Polymeren auf die physikalisch-mechanischen Eigenschaften der Polyacrylnitrilfaser (2. Mitteilung über „Studium der Eigenschaften von Polyacrylnitrilfasern"). Chim. Volokna (Chem. Fasern) **5** (1963) 6, S. 6—9.

[15] *Hunyar, A.*, und *Reichert, H.*, Über die Polymerisation von Acrylnitril. II. Mitt. über Acrylfasern. Faserforsch. u. Textiltechn. **5** (9154) S. 1—8.

[16] *Krigbaum, W. R.*, und *Kotliar, A. M.*, The Molecular Weight of Polyacrylonitrile. J. Polymer Sci. **32** (1958) S. 323—341.

[17] *Ulbricht, J.*, Zur Kinetik der homogenen Lösungspolymerisation von Acrylnitril. Teil 1: Abbruchreaktion. Faserforsch. u. Textiltechn. **10** (1959) S. 115—120.

[18] *Ulbricht, J.*, und *Sourisseau, R.*, Anionische Polymerisation des Acrylnitrils mit anorganischen Salzen (KM). Faserforsch. u. Textiltechn. **12** (1961) S. 547—548.

[19] *Ulbricht, J.*, Über die Lösungspolymerisation des Acrylnitrils. Abh. dt. Akad. Wiss. Berlin, Kl. Chemie, Geol., Biol. (1963) S. 337—342.

[20] *Onyon, P. F.*, The Molecular Weight-Viscosity Relation for Polyacrylonitrile. J. Polymer Sci. **22** (1956) S. 13—18.
Onyon, P. F., Molecular Weights and Intrinsic Viscosities of Solution Polymerized Polyacrylnitrile. J. Polymer Sci. **37** (1959) S. 315—317.

[21] *Taschiro*, siehe: *Müller, G.-O.*, Praktikum der quantitativen chemischen Analyse. Leipzig: S. Hirzel 1954, S. 297.

[22] *Wieninger, F. M.*, Eine vorteilhafte Schnellstickstoffbestimmungsmethode. Wschr. Brauerei **50** (1933) S. 124.

[23] *Wieninger, F. M.*, Nachtrag zur Schnellstickstoffbestimmungsmethode mit Selen als Beschleuniger. Wschr. Brauerei **53** (1936) S. 251—252.

[24] *Philipp, B.*, und *Schmidt, J.*, Zur Schwefelbestimmung in Acrylnitrilpolymerisaten. Faserforsch. u. Textiltechn. **13** (1962) S. 472—475.

[25] *Philipp, B.*, und *Dautzenberg, H.*, Über eine abgewandelte Reduktionsmethode zur Bestimmung geringer Schwefelmengen in Acrylnitrilpolymerisaten. Analyt. chim. Acta, Amsterdam **30** (1964) S. 384—394.

[26] *Schuhknecht, W.*, Spektralanalytische Bestimmung von Kalium. Angew. Chemie **50** (1937) S. 299—301.

[27] *Reid, V. W.*, und *Turner, L.*, The Determination of Water in Plastic Materials. Analyst **86** (1961) S. 36—39.

[28] *Philipp, B.*, *Reichert, H.*, und *Tryonadt, A.*, Veröffentlichung demnächst in dieser Zeitschrift.

[29] *Wulf, K.*, und *Kapelle, R.*, Veröffentlichung demnächst in dieser Zeitschrift.

[30] *Gustafsson, L.*, Determination of Ultramicro Amounts of Sulphate as Methylene Blue. I. The Colour Reaction. II. The Reduction. Talanta **4** (1960) S. 227—235, S. 236—243.

Eingegangen am 29. Februar 1964

Die Trennung von Caprolactam-Oligomeren durch multiplikative Verteilung

Klaus-Dieter Schwenke[1])

Deutsche Akademie der Wissenschaften zu Berlin, Institut für Faserstoff-Forschung in Teltow-Seehof, Abt. Synthetische Fasern aus Polykondensaten

DK 547.466.3:541.64:66.066

Die Fraktionierung von Cyclo-oligomeren der ε-Aminocapronsäure im System Heptan/Methanol wird beschrieben. Der Einsatz einer vollautomatischen Apparatur ermöglichte eine *Craig*-Verteilung mit großer Überführungszahl. Der Grundprozeß der Verteilung wurde dabei durch ein Kreislaufverfahren ergänzt. Es gelang die vollständige Trennung von Cyclodi-, Cyclotri- und Cyclotetramerem der ε-Aminocapronsäure. Höhere Homologe wurden angereichert und teilweise aufgetrennt.

Разделение олигомеров капролактама методом многократного распределения между двумя несмешивающимися жидкостями

Описывается фракционирование циклических олигомеров ε-амино-капроновой кислоты в системе гептан-метиловый спирт. Применение полностью автоматизированной аппаратуры дало возможность осуществить распределение по Крегу при большом числе циклов распределения. Основной процесс распределения при этом был дополнен циркуляционным процессом. При помощи этого метода удалось полностью разделить циклоди-, циклотри- и циклотетрамер ε-аминокапроновой кислоты, а высшие гомологи обогатить и частично разделить.

The Separation of Oligomers of Caprolactam by Multiplicative Distribution

The fractionation of cyclooligomers of ε-aminocapronic acid in the heptane-methanol system is described. The use of an automatic device allowed to obtain a Craig distribution of high transfer number. The fundamental process of distribution was completed by a cyclic process. The complete separation of cyclodi-, cyclotri-, and cyclotetramers of ε-aminocapronic acid could be achieved. Higher homologues have been enriched and partly separated.

1 Einleitung

Caprolactam-Gleichgewichtspolymerisate enthalten etwa 10% niedermolekulare Anteile, die durch Extraktion mit Wasser oder Methanol entfernt werden können. Nachdem bereits *Schlack* [1] cyclische Oligomere in Polycaprolactam-Extrakten aufgefunden hatte, wurden in derartigen Extrakten oligomerhomologe Reihen linearer und ringförmiger Produkte nachgewiesen [1, 2, 3].

Oligomere haben als definierte Modellsubstanzen für Polymere Bedeutung. Neben ihrer Synthese [4 bis 8] interessiert daher auch die Isolierung aus Polyamidextrakten. Diese enthalten jedoch nur die ringförmigen Produkte in größeren Mengen. Aus dem Grunde ist die Fraktionierung von Polyamid-Extrakten allein für die Gewinnung der Cyclo-oligomeren diskutabel.

Nach der Isolierung dreier homologer Cycloamide durch *Hermans* [9] gelang *Rothe* [2, 10] und *Zahn* [11] eine präparative Auftrennung der ersten Glieder der homologen Reihe durch fraktionierte Kurzwegdestillation im Hochvakuum.

[1]) Teil der Dissertation *K.-D. Schwenke*, Universität Halle 1963.

Dem papierchromatographischen Nachweis der homologen Cycloamide bis zum Polymerisationsgrad 9 folgte die Übertragung der Methodik auf die Cellulosesäule [2], wodurch ein neues halbpräparatives Trennverfahren zugänglich gemacht wurde.

Zur quantitativen Bestimmung der Komponenten des Heißwasserextraktes reduzierten *Zahn* und *Spoor* [12] die Cycloamide mit Lithiumaluminiumhydrid. Die Trennung der erhaltenen cyclischen Amine geschah papierchromatographisch [12]. Die präparative Fraktionierung der Cycloamine gelang den Autoren durch 500stufige *Craig*-Verteilung in einer vollautomatischen Apparatur [13]. Die erste quantitative Bestimmung der Oligomeren des Heißwasserextraktes erfolgte also auf indirektem Wege. So unbestritten der analytische Wert des Verfahrens ist, hat es doch den Nachteil, daß die Oligomeren in Amine umgewandelt und dadurch als Modellsubstanzen für die Polyamidchemie wertlos werden.

Wir stellten uns deshalb die Aufgabe, chemisch unmodifizierte Oligomere, wie sie in Polyamid-Heißwasserextrakten vorliegen, mit Hilfe der *Craig*-Verteilung aufzutrennen. Die erfolgreiche Fraktionierung würde sowohl Wege zur direkten analytischen Bestimmung der Oligomeren wie auch ihrer präparativen Gewinnung eröffnen. Voraussetzung dafür war die Wahl eines Lösungsmittelsystems hoher Selektivität. Eine weitere Aufgabe bestand im Bau einer Verteilungsapparatur von geeigneten Dimensionen.

2 *Grundlagen der Craig-Verteilung*

Die *Craig*-Verteilung ist ein multiplikatives Verteilungsverfahren mit einer stationären und einer mobilen flüssigen Phase [14, 15]. Die schubweise, diskontinuierliche Versuchsführung ermöglicht eine Gleichgewichtseinstellung bei jedem Verteilungsschritt.

Die *Craig*-Verteilung arbeitet mit Apparaturen, die aus zahlreichen einzelnen Elementen bestehen. Alle Fraktionen liegen also bereits räumlich getrennt und abgemessen in den einzelnen Elementen vor und können jederzeit entnommen werden. Eine Einrichtung zum Fraktionsschneiden ist nicht erforderlich. Zur analytischen Überwachung kann die Verteilung jederzeit ohne Beeinflussung des Trenneffektes unterbrochen werden.

Der Verteilungsverlauf läßt sich in einfacher Weise vorausberechnen. Die erhaltene „theoretische" Kurve sollte bei reinen Substanzen mit der experimentellen Kurve übereinstimmen. Die Grundlage der Berechnung ist der *Nernst*sche Verteilungssatz, nach dem das Verhältnis der Konzentrationen einer Substanz in den beiden Phasen eines Lösungsmittelsystems bei gegebener Temperatur konstant ist.

$$\frac{c_0}{c_u} = k. \tag{1}$$

k ist der Verteilungskoeffizient. Die Beziehung (1) muß stets erfüllt sein, andernfalls treten Abweichungen zwischen berechneter und experimenteller Verteilungskurve auf. Als Maß für die Trennbarkeit zweier Substanzen gilt der Trennfaktor β. Dieser ist durch das Verhältnis ihrer Verteilungskoeffizienten gegeben:

$$\frac{k_1}{k_2} = \beta. \tag{2}$$

Für einen optimalen Trenneffekt muß $\beta \gg 1$ sein. Für $\beta = 1$ wird eine Trennung unmöglich. β ist somit ein Maß für die Selektivität eines Lösungsmittelsystems. Die Zusammenhänge zwischen β und den zur Substanztrennung aufzuwendenden Verteilungsschritten sind von *Hecker* in einer Trennfunktion bestimmt worden [16], nachdem bereits *Craig* ein graphisches Verfahren benutzt hatte [17].

Die Berechnung des Verteilungsverlaufs erfolgt am einfachsten durch Entwicklung in eine binomische Reihe [14, 18]. Die Binomialentwicklung liefert den Wert für einen beliebigen Punkt der Verteilungskurven (Gl. 3):

$$T_{n,r} = \frac{n!}{r!\,(n-r)!} \cdot \frac{k^r}{(1+k)^n}. \tag{3}$$

T bedeutet die relative Substanzmenge in Röhrchen r nach n Verteilungsschritten. Das nächste Glied kann man mit Hilfe der Rekursionsformel (Gl. 4) berechnen,

$$\frac{T_{n,r}}{T_{n,r} - 1} = k\,\frac{n+1-r}{r}, \tag{4}$$

deren logarithmische Form (Gl. 5) benutzt wird:

$$\log T_{n,r} = \log T_{n,r-1} + \log k + \log \frac{n+1-r}{r}. \tag{5}$$

Die einzige Unbekannte in (3) und (5) ist der Verteilungskoeffizient k, der zweckmäßig aus dem Maximum der experimentellen Verteilungskurven (Gl. 6) oder aus dem Verhältnis der Konzentrationen zweier benachbarter Fraktionen (Gl. 7) ermittelt wird [14]:

$$k = \frac{r_{\max} + 0{,}5}{n - r_{\max} + 0{,}5} \tag{6}$$

$$k = \frac{Y_{n,r}}{Y_{n,r-1}} \cdot \frac{r}{n+1-r}. \tag{7}$$

3 *Die vollautomatische Verteilungsapparatur*

In zweijähriger Arbeit gelang es uns zusammen mit der Werkstatt des Instituts für Faserstoff-Forschung, eine robuste vollautomatische Apparatur zu bauen, die den Anforderungen unserer Arbeit entsprach. Dabei hielten wir uns im Prinzip an die schon in der Literatur beschriebenen Apparaturen [19, 20, 21]. Wesentliche Neuentwicklungen bestehen in der Automatik. Form, Größe und Anordnung der Verteilungselemente entsprechen unserer Problematik. Die Apparatur besteht aus einer schwenkbaren Wippe aus Aluminium, deren Achse von zwei im Fußboden verankerten U-Eisen-Böcken gehalten wird. Die Verteilungselemente werden mittels einer Querstange auf dem gummigepolsterten Aluminiumrahmen festgeklemmt (s. a. [21]). Als Verbesserung eines älteren Modells der Fa. Schott & Gen., Gehlberg/Thür. (vgl. [21]), wurden wie bei der Göttinger Apparatur [20] jeweils 5 Elemente zu einer Batterie verblasen. Zwei Batterien sind durch Kugelschliffe miteinander verbunden. Dadurch werden Verluste an Lösungsmittel durch Verdunsten oder Verspritzen während der Verteilung ausgeschaltet. Jedes Element trägt einen 12,5-Normalschliffstopfen, der durch Stahlfedern festgehalten wird. So ist eine bequeme Entnahme oder Zugabe gewährleistet. Zur Entnahme von Oberphase ist jedes Element mit einem Hahn versehen. Ein Element faßt 50 ml Unterphase. Durch Veränderung des Röhrchendurchmessers lassen sich bei gleichbleibender Länge je nach Bedarf Röhrchen mit größerem oder kleinerem Fassungsvermögen einbauen. Die Apparatur ermöglicht so die Bearbeitung verschiedenster Verteilungsprobleme. Sie hat eine Kapazität von 220 Röhrchen mit 50 ml Unterphase. Für die vorliegenden Arbeiten wurde sie mit nur 101 Elementen bestückt, die in der vorderen Hälfte des Schüttelrahmens übereinander angeordnet sind (Bild 1 und 2).

Die Apparatur hat folgendes Arbeitsprogramm auszuführen (Bild 3):

1. Etwa 50 Schüttelbewegungen bis zur Einstellung des Gleichgewichtes, d. h. Drehung der Achse um $\pm 60°$.

Bild 1. Ansicht der Verteilungsapparatur
Das Überlaufgefäß des letzten Elementes der unteren Reihe ist für den Kreislauf hochgesetzt

Bild 2. Anordnung der Glaselemente in zwei Etagen, im Vordergrund das Überlaufrohr für den Kreisprozeß

2. Ruhestellung bis zur vollständigen Trennung der Phasen.
3. Dekantieren der oberen Phase und Überführung derselben in das nächste Element (Kippbewegung) und Beginn des Zyklus' von neuem.

Die Steuerung der einzelnen Arbeitsgänge geschieht durch eine Zeitgeberscheibe (Bild 4), die durch einen kleinen Wechselstrommotor über ein doppeltes Schneckkengetriebe betätigt wird. Nach einer Umdrehung der Scheibe innerhalb von 7 min 10 s ist ein Arbeitszyklus beendet. Davon entfallen auf die Schüttelbewegungen 2 min 40 s, auf die Phasentrennung 2 min 20 s und auf das Dekantieren und Überführen 1 min 50 s. Die Differenz von 20 s setzt sich aus Pausen zwischen den Arbeitsgängen zusammen.

Die Scheibe trägt verschiedene Metallstifte, die bei ihrer Bewegung feststehende Kontaktkreuze öffnen oder schließen und so das Signal zum Beginn eines Arbeitsganges über Relais an die Antriebsmotore geben. Die Stifte für die Schüttel- und Kippbewegung sind auf zwei konzentrischen Kreisen angebracht. Sie können beliebig gegeneinander versetzt werden und gestatten so, die einzelnen Arbeitsgänge zu verlängern oder zu verkürzen. Nach jedem Zyklus bedient ein auf der Scheibe sitzender Metallstift ein Zählwerk.

Der Antrieb erfolgt wie bei der Göttinger Apparatur [20] durch zwei Getriebemotore über Hebelarme und Mitnehmerklauen, die Umschaltung über geeignete Relais und einen Elektromagneten auf der Achse des Schüttelgestells. Die Kippbewegung wird durch zwei Endschalter, die an beiden Enden der Kipp-Spindel angebracht sind, gesteuert (ausführliche Beschreibung s. [22]).

Bei Verteilungen über 1000 und mehr Stufen läuft die Apparatur Tag und Nacht ohne Wartung. Bisher traten keine Störungen auf.

4 *Die Wahl des Lösungsmittelsystems*

Unsere ersten Versuche zielten darauf hin, die für die Chromatographie der cyclischen Oligomeren erfolgreich eingesetzten Lösungsmittelgemische [2, 23] mit modifizierter Zusammensetzung auch für Verteilungen zu verwenden. Wir testeten deshalb 18 verschiedene Systeme auf ihre Eignung. Die Ergebnisse waren jedoch höchst unbefriedigend, da die meisten Systeme ungünstige Verteilungskoeffizienten und zu kleine Trennfaktoren schon für die ersten Glieder der homologen Reihe lieferten. Die Trennfaktoren für die ersten Glieder sollten aber möglichst groß sein, da sich entsprechend der zunehmenden Ähnlichkeit der Substanzen mit steigendem Molekulargewicht auch die Verteilungs-

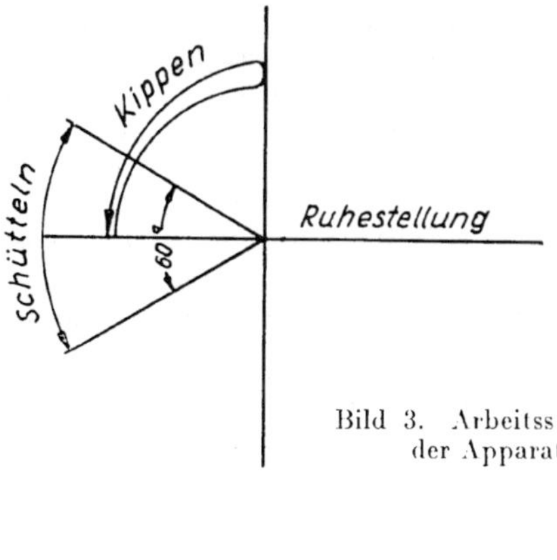

Bild 3. Arbeitsstellungen der Apparatur

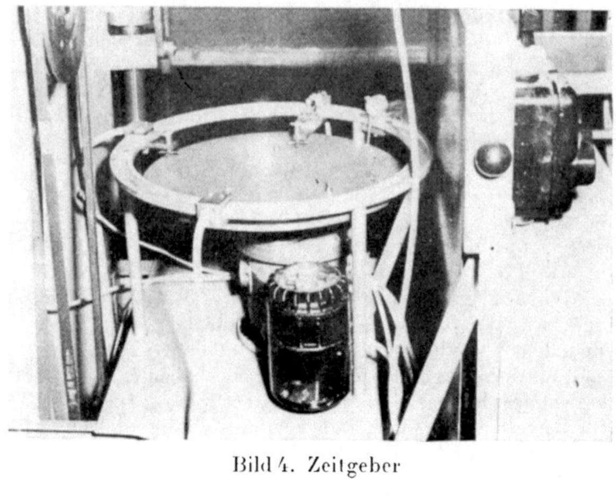

Bild 4. Zeitgeber

koeffizienten einander angleichen und somit die Trennfaktoren von Glied zu Glied kleiner werden. Die günstigste Trennwirkung besaß das System Heptan/Methanol [24], das wir schließlich für unsere Versuche auswählten.

Als „Heptan" wurde ein vom VEB Berlin-Chemie Adlershof unter der Bezeichnung „Heptan aus Benzin" geliefertes Produkt benutzt. Dieses steht bei niedrigen Kosten reichlich zur Verfügung, so daß ohne weiteres größere Mengen in einer vollautomatischen Apparatur eingesetzt werden können. Die Identität des Lösungsmittels wurde gaschromatographisch[2]) und refraktometrisch festgestellt. Bei Einsatz von Produkten aus gleichen Produktionschargen war die Reproduzierbarkeit der Verteilungskoeffizienten gut. Die unten angegebenen Werte beziehen sich auf ein zweimal über eine Kolonne destilliertes Produkt vom Sdp. 98 bis 98,5 °C und Brechungsindex n_D^{20} 1,3975. Reines n-Heptan, das vergleichsweise eingesetzt wurde (Sdp. 98,4 °C, n_D^{20} 1,3876) lieferte kleinere Verteilungskoeffizienten. Es kann jedoch ebenfalls für eine Trennung der cyclischen Oligomeren eingesetzt werden. Unter den Bedingungen unserer Vorversuche erfolgte eine schnelle und gute Trennung beider Phasen. Emulsionsbildung wurde in keinem Falle beobachtet. Somit eignet sich das System auch für Verteilungen über eine große Stufenzahl in vollautomatischen Apparaturen.

5 *Bestimmung der Verteilungskoeffizienten*

Die zur Beurteilung der Güte eines Systems nötigen Verteilungskoeffizienten wurden aus Modellverteilungen mit reinen Substanzen in geeigneten Schüttelröhrchen bestimmt. Nach Abdampfen des Lösungsmittels aus tarierten Glasschälchen und Trocknen im Vakuumexsiccator wurde der Rückstand ausgewogen. Da der Fehler bei der Bestimmung der Phaseninhalte aus einem Röhrchen wegen der kleinen Verteilungskoeffizienten zu groß ist, wurde jeweils nach Überführung der unteren Phase über 5, 10 und 20 Röhrchen verteilt. Dabei wurde gleichzeitig die Abhängigkeit der Gleichgewichtseinstellung von der Zahl sowie der Art und Weise der Umschüttelungen [25, 26, 27] untersucht. Als Werte für die Verteilungskoeffizienten erhielten wir so:

$$k_{\text{Cyclodimeres}} = 0{,}12 \pm 0{,}01 \text{ und}$$
$$k_{\text{Cyclotrimeres}} = 0{,}04 \pm 0{,}01.$$

6 *Das Kreislaufverfahren*

Eine Abschätzung der zur vollständigen Trennung der homologen Cycloamide notwendigen Verteilungsschritte ergab, daß der Grundprozeß ($n = 100$) durch geeignete Entnahmeverfahren ergänzt werden müsse. Bei kleinen Verteilungskoeffizienten hat in mehreren in der Literatur, z. B. [19b, 28], beschriebenen Fällen das Kreislaufverfahren zum Erfolg geführt. Dabei wird die mobile Phase, sobald sie das letzte Element der Verteilungsapparatur verläßt, wieder in das erste Element eingefüllt und das so lange wiederholt, bis der gewünschte Trenneffekt erreicht ist. Das Verfahren läßt sich so weit fortführen, bis die langsam wandernden Substanzen von den schneller laufenden eingeholt werden.

Für die Trennung der Caprolactamoligomeren im System Heptan/Methanol erweist sich deshalb das Kreislaufverfahren als sehr zweckmäßig. Wegen der sehr kleinen Verteilungskoeffizienten überlappen sich die Verteilungskurven erst, wenn schon weitgehende Trennung stattgefunden hat. Die schnell wandernden Substanzen, wie Caprolactam oder Cyclodimeres, werden nach ihrer Abtrennung von den höheren Gliedern aus der Apparatur entfernt und die letzteren weiter verteilt. Sie verbleiben bis zur gewünschten Trennung in der Apparatur. Auf andere Weise wäre das Problem der Fraktionierung homologer Cycloamide mit den zur Verfügung stehenden 100 Verteilungselementen viel schwieriger zu lösen gewesen. Wir nahmen es deshalb in Kauf, mit durch die Verteilungskoeffizienten bedingten kleinen Mengen an Substanz arbeiten zu müssen.

Ein Vorteil beim Arbeiten mit kleinen Verteilungskoeffizienten besteht darin, daß sich die Substanzen selbst nach 1000 Verteilungsschritten in einer relativen geringen Zahl von Röhrchen befinden, wodurch ihre Isolierung außerordentlich erleichtert wird.

Beim Bau unserer Verteilungsapparatur haben wir von vornherein die Möglichkeit eines Kreislaufs eingeplant. Vor Beginn der Verteilung werden sämtliche Elemente mit 50 ml unterer und 50 ml oberer Phase gefüllt. Das Substanzgemisch befindet sich im ersten Element (Röhrchen 0). Bei Verteilung größerer Substanzmengen werden diese in die ersten 5 oder 10 Röhrchen eingefüllt. Nach Gleichgewichtseinstellung und Phasentrennung gelangt die obere Phase durch den Kippvorgang in die Überlaufgefäße, von wo sie in das nächste Röhrchen fließt. Die obere Phase durchläuft so allmählich die ganze Apparatur. Das Überlaufgefäß von Röhrchen 100 (Bild 1) ist so angebracht, daß die dort austretende Oberphase durch ein abwärts geneigtes Rohr wieder in Röhrchen 0 eintreten kann, so daß bei vollständigem Kreislauf während des Versuches keine neue Phase eingefüllt zu werden braucht. Im Gegensatz zur Göttinger Apparatur durchläuft die mobile Phase beide Etagen der Verteilungselemente gleichsinnig. Die Verbindungsrohre zwischen den Elementen 49/50 und 100/0 sind mit Stücken lösungsmittelfesten Treibstoffschlauchs an den Überlaufgefäßen befestigt. Mit der Gegenseite sind sie durch Kugelschliffe verbunden, so daß bei großer Dichtigkeit und genügender Elastizität Bruchgefahr vermieden wird.

7 *Verteilung cyclischer Oligomerer*

7.1 *Trennung definierter Modellmischungen*

Reine Stoffe sollten unter den Bedingungen des *Nernst*schen Verteilungssatzes „theoretische" Verteilungskurven ergeben. Der Einsatz definierter Substanzen in den Verteilungsprozeß erleichtert so die analytische und rechnerische Auswertung der Versuche. Die Trennung oligomerhomologer Cycloamide wurde deshalb in der vorliegenden Arbeit an definierten Gemischen chromatographisch reiner Cycloamide studiert. Diese standen als synthetische Produkte zur Verfügung. Außerdem wurden auch Oligomere aus der Aufarbeitung von Polycaprolactamextrakten eingesetzt[3]).

Zur Trennung von Cyclodi- und Cyclotrimeren wurden gleiche Mengen der reinen Substanzen über 300 Stufen

[2]) Für die gaschromatographischen Analysen danke ich der Abteilung TKO vom VEB Berlin-Chemie Adlershof.

[3]) Die Produkte aus der Hochvakuum-Kurzweg-Destillation des Heißwasserextraktes wurden mir freundlicherweise von Herrn Dr. habil. *M. Rothe* überlassen.

im Kreislauf verteilt. Der Verteilungsverlauf wurde durch chromatographische Untersuchung der Unterphasen verfolgt.

Die Verwendung des Systems Tetrahydrofuran/Cyclohexan/Wasser [2] als Laufmittel und die Entwicklung der Flecke mit Chlor/o-Tolidin-KJ [29] ermöglichte die Erkennung von Spuren beider Substanzen.

Die Berechnung der Verteilung des Cyclotrimeren beginnt in Element 0 mit Hilfe von Gleichung 8 [14, 26]:

$$\log T_{n,0} = -n \log (1 + k). \qquad (8)$$

Für alle weiteren Fraktionen wurde die Rekursionsformel (5) benutzt. Die Berechnung des Verteilungsverlaufs für das Cyclodimere beginnt mit Fraktion 24, für die Gl. (3) verwendet wurde. Die Logarithmen der Fakultäten entnimmt man aus Tabellenwerken [30]. Alle weiteren Glieder wurden dann wieder mit Hilfe der Rekursionsformel ermittelt.

Zur Vereinfachung wurden die Binomialkoeffizienten für alle Versuche berechnet und ihre Logarithmen in Tabellen zusammengefaßt. Die Bestimmung der binomischen Glieder erfolgte mit Hilfe einer Rechenmaschine, in der zu einem Wert $\log T_{n,r-1}$ jeweils $\log k$ und der Logarithmus des Binomialkoeffizienten nach Gleichung (5) addiert wurden. Der resultierende Wert $\log T_{n,r}$ bleibt nun für die Berechnung von $\log T_{n,r+1}$ stehen usw. Auf diese Weise erhält man schließlich den prozentualen Anteil jeder Fraktion an der Gesamtmenge. Die Gewichtswerte $(Y_{n,r})$ ergeben sich bei einer Einwaage von 100 mg direkt daraus. In anderen Fällen kann die Umrechnung nach Gl. (9) erfolgen [14, 26]:

$$Y_{n,r} = F \cdot T_{n,r} \qquad (9)$$

F bedeutet darin den Umrechnungsfaktor, der sich aus dem Gewicht der Fraktion des Verteilungsmaximus $Y_{n,r_{\max}}$ und dem Prozentgehalt $T_{n,r_{\max}}$ dieser Fraktion ergibt. Die Übereinstimmung zwischen experimentellen und berechneten Werten in Bild 5 ist relativ gut. Die Differenzen resultieren vorwiegend aus Abweichungen vom *Nernst*schen Verteilungssatz, womit besonders bei Beginn der Verteilung in den ersten Elementen durch eine Übersättigung der Oberphase zu rechnen ist. Dieser Effekt macht sich bei den höheren Homologen erwartungsgemäß stärker bemerkbar. Obwohl wir kleine Einwaagen und relativ große Phasenvolumina wählten, ließ

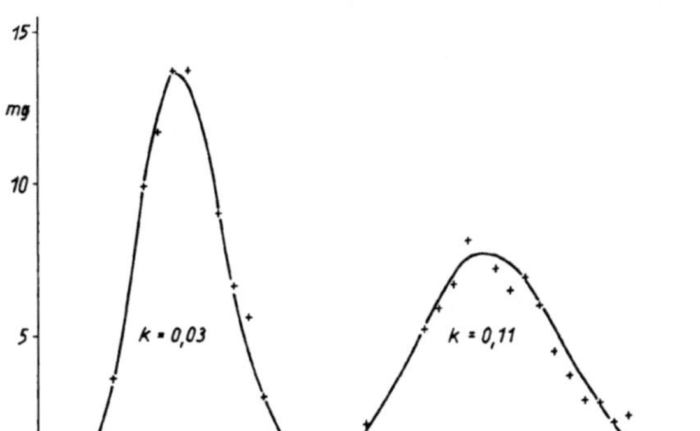

Bild 5. Trennung von Cyclodi- und -trimerem nach 300 Überführungen
- - - berechneter Verlauf,
+ + experimentelle Werte,
Versuchstemperatur 20 °C ± 0,5 grd

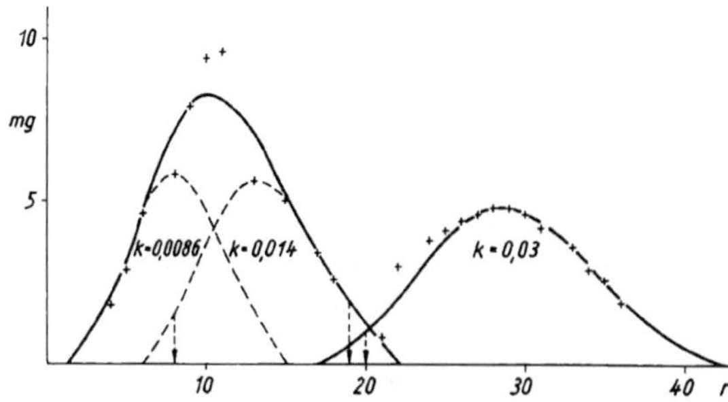

Bild 6. Auftrennung eines Gemisches von Cyclotri-, Cyclotetra- und Cyclopentamerem über 1000 Stufen
—— berechneter Verlauf,
+ + experimentelle Werte,
↓ erste chromatographische Nachweisbarkeit der Subsanz, Temperatur 20 °C ± 1,5 grd

sich dieser Fehler nicht vollständig ausscheiden. Eine weitere Fehlerquelle ist die unvollständige Überführung der Oberphase aus einigen Elementen. Diese macht sich besonders bei sehr vielen Verteilungsstufen ähnlich den Temperaturschwankungen während des Nachtlaufs der Apparatur bemerkbar.

Die vollständige Trennung von Cyclotri- und Cyclotetramerem erforderte 1000 Verteilungsschritte. Unter gleichen Bedingungen wurden Cyclotetra- und Cyclopentameres zu etwa 50% voneinander getrennt. Wie aus Bild 6 ersichtlich ist, verläuft die Trennung günstiger, als nach der berechneten Kurve zu erwarten ist. So enthält Fraktion 20 nur Cyclotrimeres. Die letzten chromatographisch nachweisbaren Mengen Tetrameres befinden sich in Element 19. Die letzten Spuren des Pentameren wurden in den Röhrchen 11 und 12 nachgewiesen, das erste Tetramere in Röhrchen 8.

7.2 *Die präparative Trennung von Cyclodi- und -tetramerem*

Die erfolgreiche Trennung der ersten Glieder der homologen Reihe von Cycloamiden eröffnet neue Möglichkeiten auch für die präparative Oligomerenchemie. Die Cyclisierung der linearen Di-ε-aminocapronsäure liefert unter geeigneten Versuchsbedingungen neben dem Cyclodimeren höhere cyclische Oligomere [4, 31, 32], deren Abtrennung Schwierigkeiten bereitet. Die *Craig*-Verteilung im System Heptan/Methanol ermöglicht aber die Trennung des Cyclodimeren von seinem Verdoppelungsprodukt unter milden Bedingungen in kürzester Zeit. Während für die Trennung von Di- und Trimerem 300 Verteilungsschritte, das sind etwa zwei Tage, benötigt werden, lassen sich Di- und Tetrameres schon in der halben Zeit vollständig trennen. Die Rohprodukte der üblichen Cyclisierungsansätze von 250 mg können dabei direkt in die Apparatur eingesetzt werden. Bei doppelten Ansätzen empfiehlt sich im System Heptan/Methanol eine größere Zahl von Überführungen. Das Dimere wird chromatographisch rein und quantitativ gewonnen.

Unter gewissen Bedingungen gelingt es, neben dem Cyclodimeren nur Cyclotetrameres zu synthetisieren [8]. Ihre quantitative Trennung durch *Craig*-Verteilung liefert dann reines Cyclodimeres neben reinem Cyclotetrameren.

7.3 *Die Anreicherung höherer Homologer*

Die Leistungsfähigkeit der multiplikativen Verteilung zeigt sich u. a. in der Anreicherung geringer Verunreinigungen, die sich neben den anderen, im Überschuß vorliegenden Komponenten dem analytischen Nachweis entziehen. So sollte ein Substanzgemisch aus Cyclodi-, -tri- und -tetramerem zur Verteilung eingesetzt werden. Das Tetramere entstammte einer Fraktion aus der Hochvakuum-Kurzweg-Destillation des Heißwasserextraktes und enthielt noch beträchtliche Mengen Cyclopentameres, das papierchromatographisch nachgewiesen werden konnte. Nach 610 Überführungen wurden die Fraktionen wie üblich chromatographiert. In den Röhrchen 0 bis 3 war jetzt neben Cyclopentamerem Cyclohexameres eindeutig nachweisbar. Seine Gesamtmenge wurde auf 3 bis 4% der Einwaage an Cyclotetramerem geschätzt. Neben den beiden Hauptkomponenten konnte es vor der Verteilung chromatographisch nicht nachgewiesen werden.

Bild 7 zeigt den Verteilungsverlauf. Zur besseren Übersicht wurden die nach den bekannten Verteilungskoeffizienten berechneten Einzelkurven eingezeichnet. Verteilungskoeffizient und Höhe des Maximums für das Cyclohexamere und das Maximum für das Cyclopentamere wurden geschätzt. Derartig kleine Verteilungskoeffizienten besitzen verständlicherweise nur den Wert einer groben Orientierung über die Lage der Verteilungskurve.

8 Experimenteller Teil

Bestimmung der Verteilungskoeffizienten

Zur Verteilung gelangten Mengen von 20 bis 40 mg chromatographisch reines Cyclodimeres und Cyclotrimeres. Als Volumina für die untere Phase wurden 25, 50 und 100 ml, für die Oberphase die gleichen Mengen gewählt. Beide Phasen waren vorher durch mehrtägiges Stehen und wiederholtes Schütteln ins Gleichgewicht gebracht worden. Vor jedem Versuch wurde die Substanz bei Zimmertemperatur unter Umschütteln in der unteren Phase gelöst. Zur Erreichung des Gleichgewichts haben wir die Zahl der Umschüttelungen variiert (s. a. [25, 26]). Für Cyclodi- und Cyclotrimeres genügten 25 doppelte Umschüttelungen. Für die Verteilung eines Gemisches mit höheren Oligomeren wurden später aber stets 50 Umschüttelungen gewählt, um alle Komponenten ins Gleichgewicht mit beiden Phasen zu bringen.

Für einen optimalen Substanzaustausch zwischen beiden Phasen ist die Art und Weise der Umschüttelungen wichtig. Bei zu kräftigem Schütteln kommt es leicht zur Emulgierung, die den Phasenaustausch verzögert. Der beste Austausch wird erzielt, wenn man dafür sorgt, daß beide Phasen unter Ausbildung dünner Filme an ihrer Oberfläche aneinander vorbeigleiten [27]. Das wird durch langsames Kippen der Röhrchen um 180° erreicht [14, 26]. Eine Bewegung um ± 180° wird dann als eine Umschüttelung gezählt.

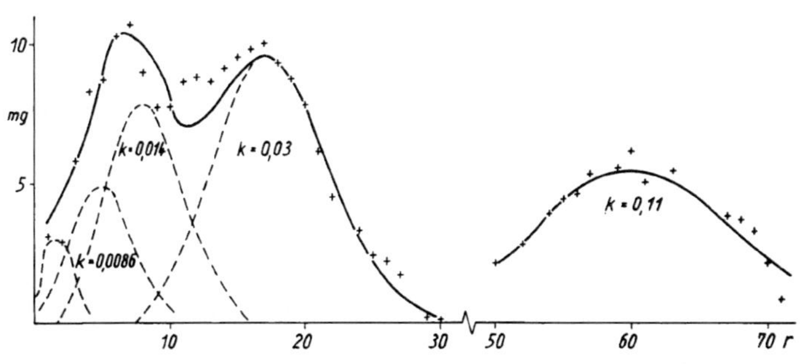

Bild 7. Verteilung eines Gemisches von Cyclodi-, -tri-, -tetra-, -penta- und -hexamerem über 610 Stufen
—— berechneter Verlauf,
- - - berechnete Einzelkurve,
+ + experimentelle Werte,
Temperatur 20 °C ± 1 grd

Verteilung von Cyclodi- und -trimerem über 300 Stufen

Je 100 mg Cyclodi- und -trimeres wurden zusammen in 150 ml Unterphase gelöst, in drei gleichen Anteilen in die Elemente 0, 1 und 2 eingefüllt und über 300 Stufen verteilt. Zur quantitativen Analyse der einzelnen Fraktionen wurden Ober- und Unterphase der ersten 45 Röhrchen in offenen Schälchen auf Infrarotstrahlern (je vier Schälchen auf einer durchbohrten Asbestplatte) unter einem Abzug vorsichtig verdampft und der Rückstand bis zur Gewichtskonstanz über Schwefelsäure/Paraffin bei 50 °C im Vakuumtrockenschrank (10 mm) getrocknet (vgl. auch [26], S. 18—20, und [14], S. 20—24). Die Wägegenauigkeit beträgt 0,5 mg. Für die Berechnung wird wegen der Eingabe der Substanz in die ersten 3 Röhrchen das mittlere Röhrchen als nullte Fraktion gewählt.

Verteilungsversuche über 1000 Stufen

Je 50 mg Cyclotri-, -tetra- und -pentameres wurden zusammen in 50 ml Unterphase gelöst. Nach beendeter Verteilung wurde der Verteilungskoeffizient des Tetrameren nach Gl. (6) aus der Lage des experimentellen Kurvenmaximums ermittelt. Wie aus Tabelle 1 hervorgeht, liegt das Maximum im Röhrchen 13, das frei von Pentamerem ist.

In ähnlicher Weise wurde der Verteilungskoeffizient für das Pentamere bestimmt (Tabelle 2). Dieser Wert ist verständlicherweise mit großen Fehlern behaftet. Röhrchen 8 enthält nur Spuren des Tetrameren.

Die Werte für das Cyclotrimere sind aus Bild 6 zu ersehen.

Anreicherung höherer Homologer

Ein Gemisch aus je 100 mg Cyclodi- und -trimerem und 100 mg Cyclo-tetra-/-penta-/-hexamerem wurde in 100 ml Unterphase gelöst, in die Elemente 0 und 1 eingefüllt und verteilt. Zur Berechnung der Verteilungsverläufe dienten die aus den letzten Versuchen ermittelten Koeffizienten. Die Maxima des Tetra-, Penta- und

Tabelle 1. Gegenüberstellung experimentell ermittelter Fraktionsgewichte mit der Papierchromatographie nach 1000 Überführungen

r	exp. [mg]	Chromatographie *c*-Tri	*c*-Tetra	*c*-Penta
8			+	++
9	7,9		+	++
10	9,4		++	++
11	9,6		++	++
12			++	+
13	5,6		++	
14			++	
15	5,0		++	
16			++	
17	3,4		++	
18	2,6		++	
19			++	
20		+		

++ chromatographisch gut nachweisbar,
\+ chromatographisch gerade noch nachweisbar.

Tabelle 2. Gegenüberstellung experimenteller und für k = 0,0086 berechneter Werte des Cyclopentameren nach 1000 Überführungen

r	ber. [mg]	exp. [mg]	Chromatographie c-Tetra	c-Penta
8	5,8	5,8	+	++
7	5,4			++
6	4,45	4,6		++
5	3,1	2,9		++
4	1,8	1,8		+
3	0,85			

Hexameren wurden geschätzt, ebenso der Verteilungskoeffizient für das Hexamere. Experimentelle und berechnete Werte für das Di- und Trimere sind aus Bild 7 zu ersehen. Eine Gegenüberstellung von experimentellen Werten mit den chromatographischen Daten für die Mischfraktionen zeigt Tabelle 3.

Meinem hochverehrten Lehrer, Herrn Professor Dr. *W. Langenbeck*, möchte ich für das wohlwollende Interesse an dieser Arbeit danken.

Den Direktoren des Institutes für Faserstoff-Forschung, Herrn Professor Dr. Dr. h. c. *E. Correns* und Herrn Professor Dr. *H. Klare*, danke ich für die großzügige materielle Unterstützung der vorliegenden Untersuchungen.

Diese Arbeit wurde von Herrn Dr. habil. *M. Rothe* angeregt und bis zum Juli 1961 betreut, wofür ich ihm zu Dank verpflichtet bin. Für die wissenschaftliche Förderung der Arbeit nach dem Weggang von Herrn Dr. *Rothe* danke ich Herrn Dr. *G. Reinisch*.

Für gewissenhafte technische Mitarbeit sei Frl. *V. Schlüter*, Frau *U. Charchulla* und Frl. *J. Günter* gedankt.

Den Herren *G. Schilling*, *H. Rothe*, *E. Brand*, *S. Möschke*, *H. Seeber* und *G. Walther* danke ich für ihren Einsatz beim Bau der Verteilungsapparatur.

Tabelle 3. Experimentelle Werte eines Gemisches von c-Tri-, c-Tetra-, c-Penta- und c-Hexameren nach 610 Überführungen

r	exp. [mg]	Chromatographie c-Hexa	c-Penta	c-Tetra	c-Tri
16	9,8			++	++
15	9,5			++	++
14	9,1			++	+
13	8,6		+	++	
12	8,8		+	++	
11	8,6		+	++	
10	7,7		++	++	
9	7,8		++	++	
8	9,0		++	++	
7	10,7		++	++	
6	10,3		++	++	
5	8,8		++	++	
4	8,3		++	++	
3	5,8	++	++	+	
2	2,9	++	++		
1	3,1	++	+		
0		+			

Literatur

[1] *Schlack, P.*, und *Kunz, K.*, in: Chemische Textilfasern, Filme, Folien, herausgeg. von *R. Pummerer*. Stuttgart: Enke 1952, S. 629 ff.
Hoshino, K., Bull. chem. Soc. Japan **19** (1944) S. 171, **21** (1949) S. 63.
Hermans, P. H., *Heikens, D.*, und *van Velden, R. F.*, J. Polymer Sci. **16** (1955) S. 451.
Yumoto, H., und *Ogata, N.*, Makromol. Chemie **25** (1958) S. 91.
Heikens, D., und *Hermans, P. H.*, Makromol. Chemie **28** (1958) S. 246.
[2] *Rothe, M.*, J. Polymer Sci. **30** (1958) S. 227.
[3] *Rothe, M.*, Makromol. Chemie **35** (1960) S. 183.
[4] *Rothe, M.*, und *Kunitz, F. W.*, Liebigs Ann. Chemie **609** (1957) S. 88.
[5] *Zahn, H.*, und *Hildebrand, D.*, Chem. Ber. **90** (1957) S. 320; **92** (1959) S. 1963.
[6] *Zahn, H.*, und *Determann, H.*, Chem. Ber. **90** (1957) S. 2176.
Zahn, H., und *Kunde, J.*, Liebigs Ann. Chemie **618** (1958) S. 158.
[7] *Rothe, M.*, *Rothe, I.*, *Brünig, H.* und *Schwenke, K.-D.*, Angew. Chemie **71** (1959) S. 700.
[8] *Schwenke, K.-D.*, Faserforsch. u. Textiltechn., im Druck.
[9] *Hermans, P. H.*, Rec. Trav. chim. Pays-Bas **72** (1953) S. 798.
[10] *Rothe, I.*, und *Rothe, M.*, Chem. Ber. **88** (1955) S. 284.
[11] *Zahn, H.*, *Kunde, J.*, und *Heidemann, G.*, Makromol. Chemie **43** (1961) S. 220.
[12] *Zahn, H.*, und *Spoor, H.*, Chem. Ber. **89** (1956) S. 1296; Z. analyt. Chemie **168** (1959), S. 190.
[13] *Zahn, H.*, und *Spoor, H.*, Chem. Ber. **92** (1959) S. 1375.
[14] *Hecker, E.*, Verteilungsverfahren im Laboratorium. Weinheim: Verlag Chemie 1955.
[15] *Craig, L. C.*, J. biol. Chemistry **150** (1943) S. 33; **155** (1944) S. 519.
[16] *Hecker, E.*, Z. Naturforsch. **8b** (1953) S. 77.
[17] *Craig, L. C.*, und *Craig, D.*, in: A. Weissberger, Technique of Org. Chemistry III. New York: Interscience Publ. 1950.
[18] *Karlson, P.*, und *Hecker, E.*, Z. Naturforsch. **5b** (1950) S. 237.
[19] a) *Craig, L. C.*, und *Post, O.*, Ind. Engng. Chem. (Analytic Ed.) **16** (1944) S. 413; Analytic. Chem. **21** (1949) S. 500.
b) *Craig, L. C.*, *Hausmann, W.*, *Ahrens* jr., *E. H.*, und *Harfenist, E. J.*, Analytic. Chem. **23** (1951) S. 1236.
[20] *v. Metsch, F. A.*, Chemie-Ing.-Technik **25** (1953) S. 66; **31** (1959) S. 262.
[21] *Wallenstein, H. D.*, und *Egler, H.*, Z. Zuckerind. **10** (1960) S. 66.
[22] *Schwenke, K.-D.*, Dissertation Halle 1963.
[23] *Rothe, I.*, und *Rothe, M.*, Makromol. Chemie **68** (1963) 206.
[24] *Seidell, A.*, Solubilities of Organic Compounds. 3rd Ed. New York: van Nostrand 1941, Suppl. 1952.
[25] *Barry, G. T.*, *Sato, Y.*, und *Craig, L. C.*, J. biol. Chemistry **174** (1948) S. 209.
Felix, K., *Rauen, H. M.*, *Stamm, W.*, und *Zimmer, G.*, Hoppe-Seylers Z. physiol. Chemie **286** (1950) S. 199.
[26] *Rauen, H. M.*, und *Stamm, W.*, Gegenstromverteilung. Berlin-Göttingen-Heidelberg: Springer 1953.
[27] *Hunter, T. G.*, und *Nash, A. W.*, J. Soc. chem. Ind. **51** (1932) S. 285.
[28] *Law, H. D.*, und *du Vigneaud, V.*, J. amer. chem. Soc. **82** (1960) S. 4579.
Konigsberg, W., *Hill, R.*, und *Craig, L. C.*, J. org. Chemistry **26** (1961) S. 3867.
[29] *Zahn, H.*, und *Rexroth, E.*, Z. analyt. Chemie **148** (1955) S. 181.
[30] *Bornitz, U.*, und *Schubert, A.*, Siebenstellige Logarithmen der Fakultäten 0 bis 12000. Leipzig: Teubner 1960.
[31] *Rothe, M.*, Habilitationsschrift Halle 1960.
[32] *Brünig, H.*, Diplomarbeit Halle 1956;
Schwenke, K.-D., Diplomarbeit Halle 1959.

Eingegangen am 20. Februar 1964

Kurze Mitteilungen[1)]

Zur Orientierung des Copolymeren Acrylnitril-Styrol

DK 678.745.32—134.622—416:548.735.6:535.347—15

Polyacrylnitril besitzt eine gute laterale Ordnung seiner Moleküle [1]. Bei Verstreckung von Fasern oder Folien wird eine hohe Orientierung in Streckrichtung erzielt. Durch Copolymerisation kann die ursprüngliche Ordnung gestört und der Orientierungsgrad herabgesetzt werden [2]. In diesem Beitrag wird der Ultrarotdichroismus von verstreckten Copolymeren Acrylnitril-Styrol untersucht, insbesondere im Hinblick auf die Orientierung der Styroleinheiten in Abhängigkeit vom Streckfaktor. Ferner war die Orientierung eines Gemisches zweier Copolymerer (Acrylnitril-Styrol mit Acrylnitril-Propylacrylat) von Interesse.

Die Herstellung der Folien erfolgte durch Eindampfen von Dimethylformamid-Lösungen der Polymerisate bei 50 °C und anschließende Verstreckung der Folien in Wasser. Die Aufnahme der Spektren wurde am Zeiss-Ultrarot-Spektralphotometer UR 10, ausgerüstet mit LiF-, NaCl- und KBr-Prismen, vorgenommen. Der für die dichroitischen Messungen verwendete Selenpolarisator von Zeiss besitzt nach Angaben der Hersteller einen Polarisationsgrad von 98%.

Im Bild 1 ist zunächst das Spektrum eines Copolymeren Acrylnitril-Styrol mit 60 Mol% Acrylnitril (KBr-Tablette) wiedergegeben. Es setzt sich aus den Spektren der Reinpolymerisate Polyacrylnitril und Polystyrol zusammen. Charakteristisch für die Acrylnitril-Komponente ist die Nitrilbande bei 2240 cm^{-1}, für das Styrol beispielsweise die starke Absorption bei 707 cm^{-1}.

Bei reinem Polystyrol gelingt es im allgemeinen nicht, durch Verstreckung ausgeprägten Dichroismus zu erzeugen [3], es sei denn, es handelt sich dabei um isotaktisches Polystyrol [4]. Dementsprechend ergaben die Untersuchungen an Copolymeren eine Abschwächung des Dichroismus mit steigendem Anteil an Styrol. Als Bezugsbande gegenüber reinem Polyacrylnitril diente hierbei die Nitrilbande bei 2240 cm^{-1}. Die Orientierung der Kettensegmente verringert sich. Dagegen bleibt der Polarisationscharakter der vom Acrylnitril herrührenden stärksten Banden bei der Copolymerisation erhalten, wie auch aus einer Arbeit von *Klimenko* [5] über Copolymere Acrylnitril-Vinylpyridin hervorgeht. Von den Banden der Styrolkomponente sind hier vor allem diejenigen wichtig, die von Schwingungen der Benzolringatome hervorgerufen werden, insbesondere die vom A_1-Typ bei 1503 cm^{-1} und vom B_2-Typ bei 765 und 707 cm^{-1} [6, 7]. Bei der ersten wird σ-Dichroismus, bei den beiden anderen π-Dichroismus beobachtet. Dies deutet darauf hin, daß in den verstreckten Folien die Ebenen der Benzolringe bevorzugt senkrecht zur Streckrichtung stehen (s. a. [5]).

1) Die Veröffentlichung der „Kurzen Mitteilungen" erfolgt unter alleiniger Verantwortung der Verfasser.

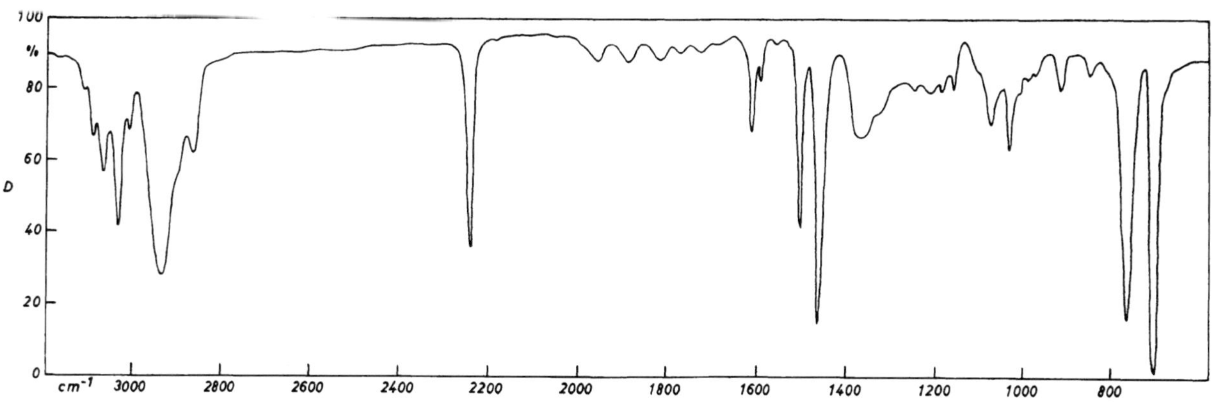

Bild 1. Ultrarotspektrum des Copolymerisats Acrylnitril-Styrol 60:40 Mol% (KBr-Tablette)

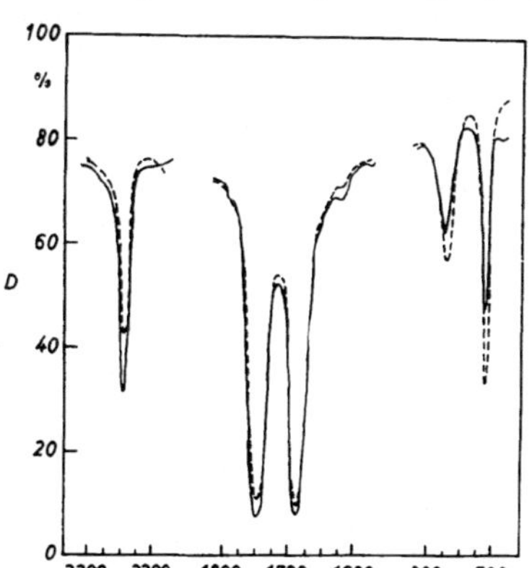

Bild 2. Ultrarotdichroismus der drei Komponenten eines Gemisches aus Acrylnitril - 35 Mol% Styrol und Acrylnitril-34 Mol% Propylacrylat: (— — —) elektrischer Vektor parallel zur Streckrichtung; (———) elektrischer Vektor senkrecht zur Streckrichtung

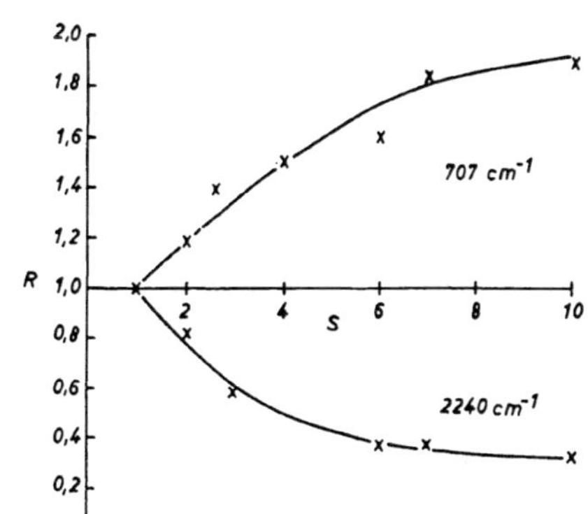

Bild 3. Dichroitische Verhältnisse der Banden bei 2240 und 707 cm/[1] des Copolymeren Acrylnitril-Styrol in Abhängigkeit vom Streckfaktor

Eine weitere Möglichkeit zur Bildung von Mischstrukturen liegt bekanntlich im Polymergemisch. Nur unter bestimmten Bedingungen gelingt es, aus zwei verschiedenen Polymeren auf dem Umweg über eine gemeinsame Lösung Folien oder Fasern zu gewinnen. Der Versuch führt um so eher zum Ziel, je ähnlicher die beiden Komponenten sind. Aus Dimethylformamid-Lösungen der beiden Copolymeren Acrylnitril-35 Mol% Styrol und Acrylnitril - 34 Mol% Propylacrylat im Verhältnis 1:1 wurden einheitliche, glasklare Folien erhalten, die sich gut verstrecken ließen. Die Orientierung dieser verstreckten Folien war relativ gering, jedoch weisen Banden aller drei Komponenten, d. h. sowohl der Acrylnitril-, der Styrol- als auch der Propylacrylat-Einheiten, Dichroismus auf. Der Ausschnitt des mit polarisierter Strahlung erhaltenen Spektrums im Bild 2 zeigt die Nitrilbande bei 2240 cm^{-1} (σ), die Carbonylbande des Propylacrylats bei 1740 cm^{-1} (σ), die vom Dimethylformamid herrührende Absorption bei 1685 cm^{-1} (σ) und die beiden Styrolbanden bei 765 cm^{-1} (π) und 707 cm^{-1} (π).

Die Bande bei 707 cm^{-1}, die einer nichtebenen Deformationsschwingung der CH-Gruppen des Benzolringes entspricht, wurde dazu benutzt, um die Orientierung der Styroleinheiten bei der Verstreckung eines Acrylnitril-Copolymerisats mit kleinem Gehalt an Styrol zu verfolgen. Die Folien enthielten etwa 3% Styrol und einen geringeren Anteil einer dritten Komponente, die aber hier nicht betrachtet werden soll. Bild 3 zeigt die dichroitischen Verhältnisse $R = E_{\parallel}/E_{\perp}$ der Banden bei 2240 und 707 cm^{-1} in Abhängigkeit vom Streckfaktor. Der Verlauf der beiden Kurven läßt vermuten, daß sich die Styroleinheiten analog den Acrylnitril-Kettensegmenten ausrichten.

Herrn *H. Reichert*, Abteilung Synthetische Fasern aus Polymerisaten, danken wir für die Überlassung von Copolymerisaten.

Literatur

[1] *Bohn, C. R., Schaefgen, J. R.,* und *Statton, W. O.,* J. Polymer Sci. **55** (1961) S. 531–549.
[2] *Ruscher, Ch.,* und *Schmolke, R.,* Faserforsch. u. Textiltechnik **14** (1963) S. 459–468.
[3] *Hemmer, E. A.,* Dissertation Aachen 1960.
[4] *Tadokoro, H., Nishiyama, N., Nozakura, S.,* und *Murahashi, S.,* J. Polymer Sci. **36** (1959) S. 553.
[5] *Klimenko, J. B.,* Vysokomol. Soed. (Hochmol. Verbind.) **5** (1963) 2, S. 287–289.
[6] *Tsuboi, M.,* J. Polymer Sci. **59** (1962) S. 139–153.
[7] *Liang, C. Y.,* und *Krimm, S.,* J. Polymer Sci. **27** (1958) S. 241.

Rudolf Schmolke
Deutsche Akademie der Wissenschaften zu Berlin, Institut für Faserstoff-Forschung in Teltow-Seehof, Abteilung Physik

Eingegangen am 6. März 1964

Zur Einwirkung von Natronlauge auf Wolle

DK 677.31:546.33–36:547.478.6

Im Rahmen unserer Arbeiten zur Reaktionsfähigkeit der Disulfidbindung in Cystin und Keratin, die wir im Hinblick auf eine mögliche Verwertung von Abfallkeratin aus der Kunstfaserindustrie durchführten, verfolgten wir die Umsetzung von Cystin mit Natronlauge [1], von Cystin und anderen Disulfiden mit Sulfiden und Cyaniden [2], sowie die Bildung von Sulfiden und Mercaptanen bei einer Alkalibehandlung von Keratin [3]. Die erhaltenen Ergebnisse deuten auf folgende Reaktionen hin:

$$2\,RSSR \xrightarrow{OH^-} 3\,RS^- + RSO_2^-,$$

$$RS^- + RSSR \longrightarrow RSR + RSS^-,$$

$$RSS^- + RS^- \rightleftarrows RSSR + S^{2-}.$$

Summarisch kann die Reaktion für Keratin danach durch folgende Gleichung dargestellt werden:

$$2\,RSSR \xrightarrow{OH^-} RS^- + RSO_2^- + RSR + S^{2-}. \qquad (1)$$

In Übereinstimmung mit dieser Gleichung erreichen die molaren Konzentrationen von Sulfid und Mercaptan bei der Auflösung von Keratin in Natronlauge gleiche Werte [3]. Bei höheren Temperaturen dagegen (z. B. 95 °C, 1 n NaOH) wächst die Sulfidkonzentration auf Kosten der Mercaptankonzentration, was auf folgende Reaktion hinweist:

$$RS^- + OH^- \longrightarrow ROH + S^{2-}.$$

Im vorliegenden Beitrag soll über die Abnahme des Cystingehaltes in Wolle bei einer Alkalibehandlung berichtet werden.

Die Cystinbestimmung in der Wolle erfolgte mittels der HJ-Methode [4] nach einer vorausgegangenen Hydrolyse mit Salzsäure. Dabei stellte sich heraus, daß die Jodwasserstoffsäure auf Keratin in der Weise einwirkt, daß ein Teil des Cystinschwefels als Schwefelwasserstoff abgespalten wird. Dagegen ist das Cystin selbst beständig und wird von Jodwasserstoffsäure nur zu Cystein reduziert. Hydrolysiert man also das Keratin zuerst mit Salzsäure und reduziert dann mit Jodwasserstoffsäure, so wird kein Schwefelwasserstoff abgespalten, und man erhält einen richtigen Wert für den Cystingehalt.

Die Untersuchungen wurden wie folgt durchgeführt:

Proben von etwa 200 mg der mit Äther gewaschenen Schafwolle wurden in einem 25 ml Erlenmeyer-Kolben mit 5 ml Natronlauge versetzt, mit einem Glasstab bis zur vollständigen Durchfeuchtung gerührt und in einen Thermostaten gebracht. Die Luft wurde mittels Stickstoff aus dem Kolben verdrängt. Die einzelnen Proben wurden nach verschiedenen Zeiten mit je 5 ml konz. Salzsäure versetzt, auf einem Glyzerinbad vorsichtig auf etwa 1 ml eingeengt, dann mit 2 ml 5 n Jodwasserstoffsäure und 0,2 ml 40%iger Kaliumhypophosphitlösung versetzt und auf dem Glyzerinbad erneut auf etwa 1 ml eingedampft. Nach dem Abkühlen wurde der erstarrte Rückstand mit etwa 50 ml Wasser in einen größeren Kolben übergespült, in Gegenwart von Thiofluorescein mit 1 n Natronlauge neutralisiert und mit weiteren 2 bis 3 ml 1 n Natronlauge alkalisch gemacht. Die so erhaltene Lösung wurde nun mit 0,01 n o-Hydroxymercuribenzoesäure (HMB) bis zum Farbumschlag von blau nach farblos titriert. Das Cystein wird dabei zusammen mit Cystin bestimmt, während Cysteinsulfinsäure (RSO_2H), Cysteinsulfonsäure (SRO_3H) und Lanthionin (RSR) bei der obigen Bestimmung durch Jodwasserstoffsäure nicht angegriffen werden und deshalb keinen Einfluß auf das Ergebnis haben. Es ist noch zu betonen, daß sich die Ergebnisse auf die Gesamtprobe beziehen — unabhängig davon, ob ein Teil der Wolle aufgelöst wurde — und auf trockene Wolle umgerechnet sind.

Aus Bild 1 ist leicht zu ersehen, daß die Summe von Cystin und Cystein einen konstanten Endwert von etwa 2,9% anstrebt, der recht gut einem Viertel des ursprünglichen Cystingehaltes (0,25 · 11,4 = 2,85%) entspricht. Damit ist für die summarische Gleichung (1) eine weitere Stütze

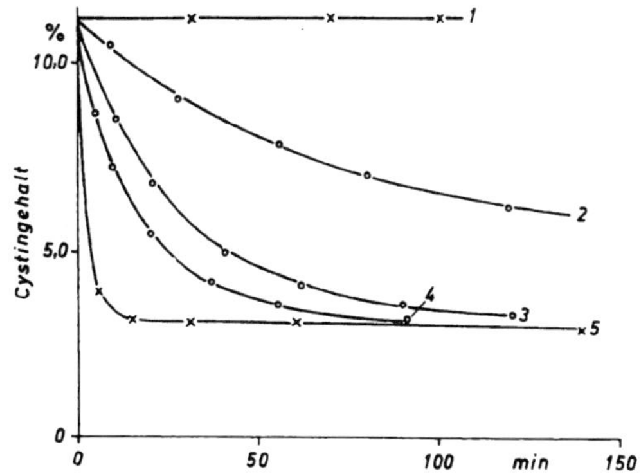

Bild 1. Abhängigkeit des Cystin- und Cysteingehaltes in Wolle von der Dauer der Alkalibehandlung
1 — 0,5 n Na_2CO_3, 25 °C; 2 — 0,2 n NaOH, 25 °C;
3 — 0,5 n NaOH, 25 °C; 4 — 1,0 n NaOH, 25 °C;
5 — 1,0 n NaOH, 50 °C.

gefunden. Die Reaktion bleibt also erst dann aus, wenn das gesamte in der Wolle enthaltende Cystin umgesetzt ist.

Aus Bild 1 kann man außerdem schließen, daß die Umsetzungsgeschwindigkeit wie zu erwarten mit zunehmender NaOH-Konzentration und Temperatur ansteigt. In einer 0,5 m Na_2CO_3-Lösung konnte nach einigen Stunden Einwirkungsdauer bei 25 °C keine Abnahme des Cystingehalts festgestellt werden.

Es ist noch zu bemerken, daß die Bildung von Sulfiden viel langsamer verläuft, als es nach der Cystinabnahme und Gleichung (1) zu erwarten wäre. Nach 90 min sollte bei 25 °C in 1 n NaOH, wie aus Bild 1 zu ersehen ist, die Umsetzung nahezu beendet sein und auf Grund von Gl. (1) der Sulfidschwefelgehalt $11{,}4 \cdot 0{,}25 \cdot 64/240 = 0{,}758\%$ betragen.

Analytisch wurde dagegen zu diesem Zeitpunkt nur 0,264% Schwefel als Schwefelwasserstoff gefunden. Diese Tatsache kann dadurch erklärt werden, daß das gebildete Sulfid teilweise von Keratin gebunden und erst nach längerer Einwirkung von Natronlauge wieder abgespalten wird. Über die Art dieser Bindung läßt sich zur Zeit noch nichts aussagen.

Die Literaturquellen werden in einer späteren Veröffentlichung besprochen.

Literatur

[1] *Wroński, M.*, Zur Kinetik der Umsetzung von Cystin mit o-Hydroxymercuribenzoesäure und Natronlauge. Mh. Chemie **94** (1963) S. 197—203.
[2] *Wroński, M.*, Zum Reaktionsverlauf zwischen Cystin, Dithiodiglycolsäure, Dithiodihydroacrylsäure mit Sulfiden und Cyaniden. Roczniki Chemii, Warschau (im Druck).
[3] *Wroński, M.*, Research on the Reaction of Keratin Disulphide Bond with Alkali. Acta Chimica, Łódź (im Druck).
[4] *Wroński, M.*, Mercurimetrische Bestimmung von Cystin. Z. anal. Chemie **184** (1961) S. 193—197.

Mieczysław Wroński
Universität in Lodz, Chemische Fakultät,
Institut für Chemische Technologie

Eingegangen am 22. Februar 1964

Neue Bücher

Mechanismus und Struktur in der organischen Chemie. Von *Edwin S. Gould.* Übersetzt von *Günter Koch.* Weinheim/Bergstr.: Verlag Chemie 1962. XVI, 982 S. m. 31 Abb. u. 36 Tab. Lwd. DM 58,—.

Die Kenntnis der Hintergründe von Gesetzmäßigkeiten, Regeln und Reaktionsabläufen der organischen Chemie und das Wissen darum, mit welchen Methoden man solche Probleme untersuchen und lösen kann, sollten heute zum Erfahrungsschatz eines jeden Chemikers gehören, der Forschungsaufgaben organisch-chemischer Natur bearbeitet. Nun waren aber Vorlesungen oder gar eine systematische Ausbildung in theoretischer organischer Chemie vor einem Jahrzehnt an deutschen Universitäten noch recht selten. Es ist darum außerordentlich zu begrüßen, daß man seit einigen Jahren in zunehmendem Maße Gelegenheit hat, durch Bücher Kenntnisse über dieses wichtige Wissensgebiet zu erwerben, sie zu erweitern oder zu vertiefen.

Das Buch von *Gould* zu diesem Thema hat einige entscheidende Vorzüge: Es ist zweifellos aus der Fülle des Wissens und mit ruhiger Überlegenheit geschrieben und wohl darum von so klarer, aber niemals akademisch kalter Diktion. Der Autor sucht immer wieder im Leser den Gesprächspartner. Die am Ende jedes Kapitels angefügten Fragen von steigendem Schwierigkeitsgrad sind eine natürliche Konsequenz dieser angenehmen und zugleich sehr fruchtbaren Methode moderner Wissensvermittlung und gehören in den USA seit langem schon zum Stil chemischer Hochschullehrbücher.

Die Gliederung des Buches ist vortrefflich. In den ersten vier Kapiteln wird die „Statik" der organischen Moleküle behandelt und begründet. Atom- und Molekülstrukturen, Resonanz, Energien, Längen- und Bindungsordnungen kovalenter Bindungen, Dipolmomente und Molekülspektren sowie der Säure- und Basenbegriff werden dabei im einzelnen charakterisiert und in ihren Grundzügen besprochen.

Besonders vorteilhaft für eine erste Information über die Möglichkeiten zur experimentellen Bestimmung von Reaktionsmechanismen sind die beiden methodischen Kapitel 5 und 6, von denen das erstere die nichtkinetischen, das folgende kinetische Untersuchungen betrifft. Mit einigen Stichworten soll der Umfang der in den einzelnen Teilkapiteln angeschnittenen Probleme charakterisiert werden: Nach einleitenden Begriffsdefinitionen und nach Diskussion von Beispielen für das Abfangen von Zwischenstufen sowie für die Charakterisierung von Reaktionsprodukten werden in Kapitel 5 speziell Kreuzungsexperimente, Isotopenmarkierung, stereochemische Untersuchungen und physikalische Methoden zum Nachweis von Zwischenstufen diskutiert. Kapitel 6 bringt die Grundlagen der Kinetik, immer im Hinblick auf den Aussagewert kinetischer Experimente über den Chemismus von Reaktionen, wobei erfreulicherweise auch die Grenzen der kinetischen Ausdeutung des Reaktionsgeschehens deutlich gemacht werden. Einfluß von Lösungsmitteln, Auswirkungen der Ionenstärke und Salzeffekte bei organisch-chemischen Reaktionen werden kurz berührt.

Kapitel 7 vermittelt weitere Grundkenntnisse, die zum Verständnis der modernen allgemeinen organischen Chemie notwendig sind.

In weiteren acht Spezialkapiteln wird dann die „Dynamik" der Reaktionen behandelt. Es wird das Verhalten einzelner Verbindungstypen bei Reaktionen an ihrem Gerüst besprochen, sowie eine Reihe von Reaktionsmechanismen, die an speziellen Atomgruppierungen und funktionellen Gruppen bei organischen Verbindungen eintreten: Nukleophile Substitutionsreaktionen an aliphatischen Systemen, Reaktionen von Carbonsäuren und Estern, Carbanionen und Enolisierung, aromatische Substitutionen, β-Eliminierungsreaktionen und Additionsreaktionen. Zwei Kapitel sind den klassischen Objekten verallgemeinernder Betrachtungen in der organischen Chemie, den Umlagerungsreaktionen gewidmet, die hier im Lichte des Für und Wider neuerer und neuester Experimentalergebnisse diskutiert werden. Der Stereochemie wird bei der Deutung der Umlagerungsreaktionen wie auch an vielen anderen Stellen des Buches mit Selbstverständlichkeit Beachtung geschenkt. 100 Seiten sind schließlich den Reaktionen freier Radikale gewidmet. Dieses Kapitel eröffnet für Fachkollegen, die sich mit Radikalpolymerisationen oder radikalischen Abbaureaktionen an Polymeren beschäftigen, sicher einige methodisch und theoretisch interessante Gesichtspunkte.

Zahlreiche Hinweise auf Originalarbeiten und Monographien (insgesamt wurden etwa 2000 Zitate als Fußnoten, häufig mit weiteren Erläuterungen, aufgenommen) erleichtern das Einarbeiten in die einschlägige Spezialliteratur. Der Übersetzer hat zudem noch die Zitate neuerer deutschsprachiger Übersichtsarbeiten oder Einzelschriften ergänzend eingefügt und neueste Fortschrittsberichte im Vergleich zu der bereits 1959 erschienenen amerikanischen Ausgabe zusätzlich zitiert. So wird die Klarheit der Darstellung durch die Gewissenhaftigkeit in sachlichen und technischen Details hervorragend ergänzt.

Die Einzelschritte beim Aufbau und Abbau von organischen Makromolekülen unterliegen hinsichtlich ihres Chemismus den gleichen Gesetzmäßigkeiten wie die Reaktionen strukturell entsprechender niedermolekularer Verbindungen. Jeder an Reaktionsmechanismen der Polymerenchemie Interessierte sollte darum das *Gould*sche Buch zur Erweiterung seiner Gesamtkenntnisse und als Ratgeber in Spezialfragen zu Hilfe nehmen. Auf alle Fälle sollte es in Fachbibliotheken von Universitäts- und Akademieinstituten sowie von Betrieben und Forschungsstellen, die organische Polymerenchemie betreiben, nicht fehlen. *G. Reinisch*

The Chemistry of Wood. Hgg. von *B. L. Browning.* New York und London: Interscience Publishers 1963. X, 689 S. Lwd. 189 s.

Das von *Browning* herausgegebene neue Buch „Chemie des Holzes" ist von 17 namhaften Autoren aus den USA und Finnland geschrieben und spiegelt vor allem die sehr starke Entwicklung auf diesem Gebiet in den letzten 10 bis 15 Jahren wider. Es kann daher als eine sehr wertvolle Ergänzung zu den bisherigen Standardwerken, vor allem dem von *Hägglund*, das 1951 erschienen ist, betrachtet werden. Die Einteilung des Stoffs ist die übliche; es sind jedoch zwei Abschnitte über Gebiete, die bisher in den Werken über die Chemie des Holzes nur sehr kurz oder gar nicht behandelt wurden, eingefügt: Über die Chemie der Entstehung des Holzes (*R. E. Kremers*) und die Chemie der Rinde (*W. Jensen* u. Mitarb.). Diese beiden Kapitel sowie die ausgezeichnete Abhandlung über die Hemicellulosen (*C. Schuerch*) sind besonders hervorzuheben, da gerade auf diesen Gebieten in der letzten Zeit sehr große Fortschritte gemacht werden konnten. Als ein gewisser Mangel des Buches muß die einseitige Berücksichtigung der angeführten neuen Forschungsergebnisse und ihrer Literatur erwähnt werden; so ist z. B. in dem nur wenige Zeilen umfassenden Abschnitt über die Vorhydrolyse vor dem alkalischen Aufschluß von Holz nur die Arbeit von *R. E. Dörr* (nicht *Dorr*) erwähnt, außerdem sind die sehr umfangreichen und wichtigen Arbeiten sowjetischer Forscher in den meisten Kapiteln überhaupt nicht berücksichtigt.

Wie bei jeder Darstellung eines an sich geschlossenen Gebietes durch so viele Autoren ist es unvermeidlich, daß die einzelnen Kapitel nicht ganz gleichwertig sind und auch einige Überschneidungen und nicht ganz einheitliche Auffassungen auftreten; es muß aber hervorgehoben werden, daß es dem Herausgeber in hohem Maße gelungen ist — im Gegensatz zu manchen anderen Werken ähnlichen Charakters — eine gut übersichtliche und äußerst wertvolle Chemie des Holzes geschaffen zu haben, die jedem auf diesem Gebiet Tätigen eine wertvolle Unterstützung geben wird.

E. Correns

Fibre Structure. Hgg. von *J. W. S. Hearle* und *R. H. Peters.* Manchester u. London: The Textile Institute u. Butterworths 1963. XXV, 667 S. 8°. Lwd. 126 s.

Das vorliegende Buch will in 19 voneinander unabhängigen, von maßgebenden Fachleuten verfaßten Kapiteln einen Überblick über die heutigen Vorstellungen und Kenntnisse vom übermolekularen Bau der Natur- und Chemiefasern geben und Zusammenhänge zwischen Konstitution des Einzelmoleküls, Faserfeinstruktur und textil-physikalischen Eigenschaften aufzeigen.

Nach einer kurzen Einleitung (*R. H. Peters*, 20 S.), die an die Gesamtproblematik heranführen soll, befassen sich die folgenden vier Kapitel vorwiegend mit Problemen der chemischen Struktur bei den hier interessierenden Polymeren. In dem Abschnitt über Cellulose (*A. Sharples*, 25 S.) stehen Fragen der Molekülform in Lösung im Vordergrund, während das zwangsläufig etwas heterogene Kapitel über synthetische Polypeptide und Faserproteine (*C. H. Bamford* u. *A. Elliot*, 65 S.) Grundlagen der Peptidsynthese, wie auch die Konfiguration von Peptidketten samt Methoden zu ihrer Untersuchung und schließlich chemische Strukturfragen bei Wolle und Seide umfaßt. Die synthetischen faserbildenden Polymeren (*J. Goodman*, 70 S.) werden unter dem Gesichtspunkt des Zusammenhangs zwischen chemischer Struktur der Einzelkette und den sich hieraus ergebenden Möglichkeiten zur intermolekularen Wechselwirkung behandelt. Eine wertvolle Ergänzung und Vertiefung dieser Betrachtungen auf einem aktuellen Spezialgebiet gibt der anschließende Abschnitt über Taktizität von Polymeren (*M. Gordon*, 28 S.).

Die folgenden sechs Kapitel können mit Recht als das Kernstück des ganzen Buches betrachtet werden, indem hier unter verschiedenen Gesichtspunkten die grundlegenden Vorstellungen und Ergebnisse zur Frage der Faserfeinstruktur in einer leicht lesbaren Form, aber dabei tiefgründig und kritisch behandelt werden. *J. W. S. Hearle* gibt zunächst einen Überblick über die verschiedenen Modellvorstellungen zur Faserfeinstruktur und diskutiert dann sein Modell der Fransenfibrille (26 S.). *R. D. Preston* faßt wesentliche elektronenmikroskopische, röntgenographische und physikochemische Ergebnisse zum Aufbau der pflanzlichen Fasern im submikroskopischen Bereich zusammen (34 S.). *J. Sikorski* behandelt die gleiche Problematik für tierische und synthetische Fasern, wobei ebenfalls die elektronenmikroskopische Methodik im Vordergrund steht (41 S.), während der folgende Abschnitt von *L. R. G. Treloar* sich mit dem nichtkristallinen Zustand unter dem Gesichtspunkt „Umwandlungspunkt 2. Ordnung und Änderung der physikalischen Eigenschaften von Polymeren" beschäftigt (21 S.). In dem von *A. Keller* geschriebenen Kapitel über die Kristallinität von Hochpolymeren (58 S.) erfahren nach einem Überblick über Zusammenhänge zwischen Molekülstruktur und möglichen Ordnungszuständen Fragen der Bildung und Struktur von Einkristallen und Sphärolithen eine eingehende Behandlung. Methoden zur Untersuchung der Oberflächenstruktur und einige bei den verschiedenen Fasertypen erzielte Ergebnisse faßt abschließend *J. Sikorski* zusammen (30 S.).

Im dritten Teil des Buches werden in speziellen Kapiteln Zusammenhänge zwischen Struktur und Eigenschaften bei den einzelnen Faserarten besprochen. Vorwiegend morphologisch orientiert ist das Kapitel über Baumwolle und andere pflanzliche Fasern (*T. L. W. Bailey* jun., *V. M. Tripp* und *A. T. Moore*, 33 S.), während bei „Reyon- und Acetatfasern" (*N. S. Wooding*, 25 S.) Querschnittsformen und Akzessibilitätsmessungen als Strukturkriterien herangezogen werden. In dem Kapitel über schmelzgesponnene Fasern aus Polykondensaten (*A. B. Thompson*, 42 S.) finden die strukturbestimmenden Abkühl- und Kaltstreckprozesse gebührende Beachtung. Das nach Ansicht des Referenten allzu knappe Kapitel über Polymerisatfasern (*V. I. Furness*, 10 S.) behandelt fast ausschließlich Röntgenuntersuchungen. Die Betrachtungen zum Bau von Proteinfasern (*M. L. Ryder*, 33 S.) beschränken sich auf eine gründliche Darstellung der mikroskopisch-morphologischen Struktur der Wollfaser und ergänzen damit das entsprechende Kapitel über chemische Probleme im ersten Teil des Buches. Die beiden folgenden Kapitel befassen sich mit anorganischen faserbildenden Polymeren, nämlich den Glasfasern (*P. E. Jellyman*, 27 S.), wobei nach einer kurzen Betrachtung zur chemischen Struktur Herstellung und Festigkeitsverhalten dieser Fasern beschrieben wird, und den Asbestfasern (*E. J. W. Whittaker*, 27 S.), bei denen vorwiegend auf röntgenographische Strukturuntersuchungen eingegangen wird. Den Abschluß des Buches bildet ein Beitrag von *J. W. Hearle* (20 S.) über allgemeine Zusammenhänge zwischen Faserstruktur und textilphysikalischen Eigenschaften.

Das vorliegende Buch erfüllt voll und ganz die Erwartungen, die sich an die Namen der Autoren und Herausgeber knüpfen. Es kann allen Polymerchemikern und -physikern, wie auch den Textiltechnologen wärmstens empfohlen werden. Dank der wohlabgewogenen und ausgeglichenen Darstellungsweise, die eine objektive Würdigung fremder Arbeiten mit einer subjektiven Darstellung des eigenen Standpunktes verbindet, gibt es neben einer Vielzahl von Einzelinformationen recht wertvolle Anregungen für alle, die forschend oder lehrend auf dem Gebiet der Natur- und Chemiefasern tätig sind. Es trägt gleichzeitig dazu bei, die Zusammenarbeit zwischen Chemiker, Physiker und Technologen auf dem Gebiet der faserbildenden Polymeren zu erleichtern. Druck und Ausstattung des Buches sind vorzüglich.

B. Philipp

Textile Faserstoffe. Von einem Autorenkollektiv. Leipzig: Fachbuchverlag 1963. 684 S., 1 Falttafel. Hlwd. DM 34,—.

Schon im Vorwort des für die Faserstofflehre an Textil-Ingenieurschulen gedachten vorliegenden Lehrbuchs wird darauf hingewiesen, daß der Umfang der einzelnen Kapitel die zur Verfügung stehende Unterrichtszeit meist übersteigt. Dies bringt zwar den Vorteil einer geschlossenen Darstellung mit sich — so weit man bei 8 verschiedenen Autoren von einer solchen sprechen kann —, hat aber auch einige Nachteile. Neben dem höheren Preis, den der Studierende für ein Buch dieses Umfangs zahlen muß, wird er sehr leicht dazu verleitet, das Studium anderer einschlägiger Literatur zu unterlassen, weil er glaubt, hier alles vorzufinden.

Das Buch ist in 8 große Abschnitte von sehr unterschiedlichem Umfang aufgeteilt. Der einleitende erste Abschnitt (9 S.) behandelt nur kurz die Terminologie der Chemiefaserstoffe. Daneben werden die den Aufbau des Fadens betreffenden Begriffsfestlegungen erwähnt und eine an den Vorschlag von *Bobeth* angelehnte Faserstoffübersicht gegeben.

Im zweiten Abschnitt wird auf etwa 40 Seiten auf die wirtschaftliche Entwicklung der Faserstofferzeugung und des Verbrauchs eingegangen. Neben den Faserstoffpreisen sind hierin auch die Produktionsprogramme der Chemiefaserhersteller der DDR genannt.

Den größten Teil des Buches bildet der den Cellulose-Faserstoffen gewidmete dritte Abschnitt, der sich nach den Betrachtungen über die physikalisch-chemischen Grundlagen (11 S.) und über das Verhalten gegenüber Chemikalien (3 S.) in native Cellulose-Faserstoffe (Baumwolle 64 S., Bastfasern 119 S.) und Chemiefaserstoffe aus Cellulose (Regenerat-Faserstoffe 74 S., Cellulose-Derivate 5 S.) gliedert. Obwohl es anerkennungswert ist, die Bastfasern in einer geschlossenen Darstellung hier zusammengetragen zu finden, entspricht die ausführliche Beschreibung bei weitem nicht deren wirtschaftlicher Bedeutung und belastet den Studenten nur stark.

Den Eiweiß-Faserstoffen ist der vierte Abschnitt vorbehalten. Der Behandlung der physikalisch-chemischen Grundlagen (15 S.) folgen die Wollen und Tierhaare (86 S.), die Naturseiden (38 S.) und die Chemiefaserstoffe aus regeneriertem Eiweiß (5 S.).

Im gleich umfangreichen fünften Abschnitt wird auf die Chemiefaserstoffe aus synthetischen Polymeren eingegangen. Er ist gegliedert in chemisch-physikalische Vorgänge bei der Herstellung von Faserstoffen (45 S.), Polyvinylchlorid-Faserstoffe (8 S.), Polyacrylnitril-Faserstoffe (14 S.), Polyolefin-Faserstoffe (3 S.), Polystyrol-Faserstoffe ($^1/_2$ S.), Fluorcarbon-Faserstoffe ($^1/_2$ S.), Polyvinylalkohol-Faserstoffe (2 S.), Polyamid-Faserstoffe (33 S.), Polyurethan-Faserstoffe (2 S.) und Polyester-Faserstoffe (14 S.). In diesem Abschnitt werden die Grundlagen der Chemiefaser-Herstellung in einer für den Textil-Fachschüler leicht verständlichen und auch ausreichenden Form gegeben. Die Erläuterung der einzelnen Chemiefaserstoffarten berücksichtigt gut ihre wirtschaftliche Bedeutung.

Die Faserstoffe aus anorganischen Rohstoffen werden im sechsten Abschnitt behandelt, der sich in Asbest (3 S.), Glasfaserstoffe (5 S.), Schlacken- und Gesteinsfasern (1 S.) und Metallfäden (2 S.) gliedert.

In einem siebenten Abschnitt sind die sonstigen Faserstoffe zusammengefaßt. Hierbei sind Papier- und Zellstoffgarne (2 S.), Gummifäden (6 S.) und Schaumstoffäden (1 S.) aufgeführt.

Als achter Abschnitt folgen die Reißspinnstoffe (24 S.), wobei die Hälfte des Abschnitts durch den Abdruck zweier Fachbereichs-Standards ausgefüllt wird.

Das Literaturverzeichnis ist, für jeden Abschnitt getrennt, am Schluß des Buches auf 15 Seiten zusammengestellt. Es umfaßt überwiegend deutschsprachige Literatur. Dies hat zwar für den Textil-Fachschüler den scheinbaren Vorteil, daß er sich nicht mit fremdsprachigen Arbeiten beschäftigen muß, führt aber sehr leicht zu der irrigen Meinung, daß über die Faserstoffentwicklung hauptsächlich im deutschen Sprachgebiet gearbeitet worden ist. Ein Sachwortverzeichnis beschließt das Buch.

Die Wiedergabe der Bilder läßt manche Wünsche offen. So entsteht bei den Makrophotos durch zu starke Retusche oft ein gemäldeartiger Eindruck (z. B. die Bilder 102, 108, 115). Die Mikroaufnahmen zeigen dadurch oft reliefartig hervortretende Faserquerschnitte (z. B. die Bilder 86, 148, 158), wie sie unter dem Mikroskop niemals festgestellt werden. Bilder dieser Art tragen kaum zum besseren Verständnis des gebotenen Textes bei, sie führen eher zu Verwirrungen. Teilweise sind auch Bilder von anderen Autoren übernommen worden, ohne daß diese Arbeiten genannt oder die Bilder wenigstens ausführlich genug beschrieben sind. So ist z. B. Bild 281 an Hand der kurzen Beschreibung kaum zu verstehen. Der interessierte Leser kann aber auch nicht auf entsprechende Literatur zurückgreifen, da er weder erfährt, daß es sich um eine Untersuchung von *K. Ohara* handelt, noch daß dieses Bild in eine Arbeit von *A. Frey-Wyssling* übernommen worden ist. Da beide Arbeiten dem Autor kaum zugänglich sein dürften, besteht der Verdacht, daß das Bild dem Beitrag von *P.-A. Koch* im Handbuch der Werkstoffprüfung entnommen wurde.

Die Zukunft wird zeigen müssen, ob dieses Buch die Erwartungen als Lehrbuch an Textil-Ingenieurschulen erfüllen wird. Den Vergleich mit den bisher verwendeten Lehrbüchern der Faserstofflehre braucht es nicht zu scheuen.

F. Winkler

Advances in Physical Organic Chemistry. Vol. 2. Hrsg. von *V. Gold.* London und New York: Academic Press 1964. XII, 288 S. 8°. Lwd. 126 s.

Im zweiten Band der Fortschrittsberichte über „Physikalische Organische Chemie" werden in vier Kapiteln Methoden zur Bestimmung von Reaktionsmechanismen beschrieben.

Den Einfluß des Drucks auf organische Reaktionen diskutiert *E. Whalley* in seinem Beitrag über die „Anwendung des Aktivierungsvolumens zur Bestimmung von Reaktionsmechanismen". Nach eingehender Erläuterung der theoretischen Aspekte der Volumenänderung bei der Bildung des Übergangszustandes und kurzer Beschreibung der experimentellen Hilfsmittel wird an Hand einer Vielzahl von Beispielen erläutert, wie durch Kenntnisse des Aktivierungsvolumens Rückschlüsse auf den Verlauf von Reaktionen gezogen werden können. Für den makromolekularen Chemiker besonders interessant sind dabei eine Reihe von Hinweisen zur Klärung von Mechanismen radikalischer Polymerisationen.

Die vielfältigen Anwendungen, die Isotope zur Klärung des Verlaufs chemischer Umsetzungen finden können, beschreibt *C. J. Collins* im Abschnitt „Isotope und organische Reaktionsmechanismen". Zahlreiche Beispiele veranschaulichen dem Leser, wie beim Einsatz eines oder mehrerer Isotope durch Identifizierung und quantitative Bestimmung der Reaktionsprodukte sowie durch kinetische und stereochemische Untersuchungen äußerst schwierige Probleme gelöst werden können und welch große Genauigkeit diese Methode besitzt. Weiterhin werden die Unterschiede, die durch Einführung von Isotopen in den physikalischen und chemischen Eigenschaften einer Molekel auftreten können, ausführlich diskutiert und die Methoden zur Bestimmung dieses Isotopeneffektes erläutert.

In den beiden letzten Kapiteln werden von *A. P. Wolf* „Reaktionen energiereicher Tritium- und Kohlenstoffatome mit organischen Verbindungen" und von *H. Zollinger* „Wasserstoffisotopeneffekte bei aromatischen Substitutionsreaktionen" beschrieben.

Die klaren und übersichtlichen Abhandlungen ermöglichen es dem allgemein interessierten Chemiker, sich relativ kurzfristig einen guten Überblick innerhalb der genannten Themenkreise zu verschaffen. Namentlich wegen der sorgfältigen Literaturzusammenstellungen sind sie für jeden Wissenschaftler, der in irgendeiner Beziehung zu diesen Problemen steht, besonders wertvoll, da die Flut der Publikationen sonst nur schwer zu bewältigen ist. Deshalb ist auch diesem vom Verlag in gewohnter Weise gut ausgestatteten Band ein großer Interessentenkreis gewiß.

W. Jaeger

Beitrag zur Schrumpffrei-Ausrüstung von Wolle. Von *Carlo Maurer.* Forschungsberichte des Landes Nordrhein-Westfalen. Nr. 1294. Köln und Opladen: Westdeutscher Verlag 1964. 49 S. 8°. Kart. DM 24,—.

Das vorliegende Heft erschien als 15. „Easy-Care"-Mitteilung des Deutschen Wollforschungsinstitutes in Aachen.

Der Autor hat sich die Aufgabe gestellt, zwei der gebräuchlichsten Oxydationsmittel zur Schrumpffrei-Ausrüstung von Wollwaren, wie sie beim „Stevenson-Wolsey"- und beim „Dylan ZB"-Prozeß verwendet werden, in ihrer Wirksamkeit einzeln und gemeinsam zu untersuchen.

Nach einer kurzen Einleitung mit der Umreißung des Gebietes wird im 2. Abschnitt eine knappe Zusammenfassung der wichtigsten Erkenntnisse über die chemischen Vorgänge bei der Schrumpffrei-Ausrüstung gegeben.

Im Hauptteil der Arbeit wird über eine große Anzahl von Laborversuchen berichtet, bei denen Wollgewirk mit gepufferten Lösungen von Kaliumpermanganat und Natriumhypochlorit bei pH 3,5 und 8,5 behandelt wurde. Die Wirkung der Ausrüstungsoperationen wurde durch die Veränderung des Flächenschrumpfes beim Waschen in der Trommel (65 °C), der Alkali-, Säure- und Harnstoff-Bisulfit-Löslichkeit und des Gehaltes an Cystin, Cysteinsäure und Tryptophan charakterisiert.

Die gefundenen Werte wurden denen einer mit Polyacrylsäureamid vorbehandelten und dann bei pH 8,5 chlorierten Wolle (Zweistufenverfahren des Deutschen Wollforschungsinstituts und der BASF) gegenübergestellt.

Die Resultate ergaben eine bessere Wirksamkeit der sauren Behandlung bei verstärkter Faserschädigung, den Vorteil der kombinierten Anwendung beider Chemikalien und eine mögliche Oxydationsmitteleinsparung bei dem Zweistufenverfahren. Eine wirtschaftliche Einschätzung der verschiedenen Methoden erfolgt jedoch nicht.

Bei der Bewertung der Resultate hätte man sich einen kurzen Hinweis auf die Beeinflussung des Textilgutes hinsichtlich der Festigkeit, der Knittereigenschaften und des grifflichen Charakters gewünscht. Diese Bemerkung soll jedoch den Wert dieser sehr sorgfältig ausgeführten und aussagekräftigen Arbeit nicht schmälern. *H.-J. Flath*

Patentschau

Auszug aus Lieferung 5/6/1964 der Patentschau „Faserstoffe und Textiltechnik", Ausgabe A: Faserstoffe einschl. Kunststoffe und organ. Grundsubstanzen, zusammengestellt von der Abteilung Wissenschaftliches Berichtswesen des Instituts für Faserstoff-Forschung der DAW, Teltow-Seehof, Kantstr. 55

Die Patentschau ist nach der deutschen Patentklasseneinteilung gegliedert. Es bedeuten: DDP = DDR-Patent; DBP = Deutsches Bundespatent; DAS = (West)-Deutsche Auslegeschrift; OeP = Österreichisches Patent; SzP = Schweizer Patent; FrP = Französisches Patent; GBP = Britisches Patent; SvP = Schwedisches Patent; SUP = Sowjetisches Patent; ČSP = Tschechisches Patent; USP = Amerikanisches Patent; — A = Anmelde-, B = Bekanntmachungs-, E = Erteilungsdatum.

Klasse 29a

FrP 1348694. Verfahren zum Verstrecken und Kräuseln eines Fadens. Inh.: Imperial Chemical Industries Ltd.. A. 22. 1. 63, E. 2. 12. 63. Int. Kl.: D 01 d. A.-Z.: 922287.

GBP 936883. Erhitzen von sich kontinuierlich bewegenden Fäden und Garnen. Inh.: Onderzoekingsinstituut Research N. V. A. 20. 9. 61. Kl.: 2 (2). A.-Z.: 33658/61. Prior.: 23. 9. 60 (Nd; 256215).

FrP 1344505 (Aj.). Verfahren zur Herstellung und Drehung von Gespinsten oder Mehrfachfäden auf künstlicher oder synthetischer Basis sowie zugehörige Vorrichtungen und die erhaltenen Produkte. Inh.: Cursoux, M., A. 13. 10. 62, E. 21. 10. 63. Int. Kl.: D 01 d. A.-Z.: 8539. Loire.

DDP 26113. Verfahren zur Herstellung von gekräuselten Formgebilden aus Schmelzen hochpolymerer Stoffe. Erf. u. Inh.: *W. Behm*, Oberpreilipp. A. 11. 3. 57. Ausg. 12. 10. 63. Kl.: 29a. 6/20. A.-Z.: WP 29a/47836.

DAS 1161657. Falschzwirnvorrichtung zum Kräuseln von Kunstfäden. Erf.: *P. Boillat* u. *R. Rohrer*, Anm.: Heberlein & Co. AG, Wattwil (Sz). A. 6. 2. 54, B. 23. 1. 64. Kl.: 29a, 6/20. A.-Z.: H 19231. Prior.: 12. 2. 53; 23. 6. 53; 20. 8. 53 (Sz; A.-Z.: 88852; 93598; 95591).

DAS 1160136. Vorrichtung zum Ablenken eines Stromes geschmolzenen Glases oder ähnlichen Materials bei der Herstellung von Fasern. Erf.: *D. Kleist* u. *H. J. Snow*. Anm.: Owens-Corning Fiberglas Corp., Toledo, Ohio (US). A. 7. 11. 60. B. 27. 12. 63. Kl.: 29a, 6/30. A.-Z.: 07705.

GBP 936878. Verfahren und Vorrichtung zum Schmelzspinnen normaler fester organothermoplastischer polymerer faserförmiger Materialien. Inh:. VEB Konstruktions- und Ingenieurbüro Chemie. A. 1. 5. 61. Kl.: 2 (2). A.-Z.: 15762/61.

Klasse 29b

FrP 82174 Zus. z. Pat. 1166434 (Aj.). Verbesserungen der Herstellung von Fäden, Fasern, Garnen und ähnlichen künstlichen Erzeugnissen. Inh.: Courtaulds Ltd. A. 22. 8. 62, E. 25. 11. 63. Int. Kl.: D 01 f. A.-Z.: 907469.

GBP 936737. Spinngefärbte Viskosekunstseide. Inh.: Imperial Chemical Industries Ltd. A. 1. 11. 61. Kl.: 2 (2). A.-Z.: 41517/60.

SzP 347800. Verfahren zum Färben hochschmelzender, verspinnbarer organischer Massen in wasserunlöslichen organischen Farbstoffen. Erf.: *H. Altermatt* u. *J. Koch*. Inh.: Ciba AG, Basel. A. 6. 10. 58, E. 31. 1. 64. Kl.: 29b. 3/60. A.-Z.: 64705/58.

FrP 1347696. Neue Komposition auf Polyester-Basis und ihre Anwendungen. Inh.: Eastman Kodak Co. A. 23. 8. 62, E. 25. 11. 63. Int. Kl.: C 08 g, A.-Z.: 907640.

GBP 941493. Schmelzspinnen von Polyesterfäden. Inh.: Imperial Chemical Industries Ltd. A. 22. 1. 62, E. 13. 11. 63. Kl.: B 5. B. Int. Kl.: D 01 f. A.-Z.: 3439/61.

DDP 26427. Verfahren zur Nachbehandlung von Fasern aus Polyacrylnitril enthaltenden Mischpolymerisaten. Erf. u. Inh.: Dr. *K. Lange* u. Dipl.-Chem. *W. Picker*, Wolfen. A. 5. 8. 61. Ausg. 1. 11. 63. Kl.: 29b, 3/65. A.-Z.: WP 29b/75385.

OeP 232639. Verfahren zur Herstellung von aus isotaktischem Polystyrol bestehenden Fäden, Filmen u. dgl. Inh.: Onderzoekingsinstituut Research, Arnhem (Nd). 6. 4. 62/15. 8. 63/15. 2. 64. Kl.: 29b, 15/04. A.-Z.: 2851/62, Prior.: 7. 4. 61 (Nd).

FrP 1345068 (Aj).. Naßspinnverfahren für Lösungen von Polymeren auf Vinylchloridbasis. Inh.: Société Rhovyl, A. 23. 10. 62, E. 28. 10. 63. Int. Kl.: D 01 f. A.-Z.: 913141.

FrP 1348687. Verfahren zur Behandlung von Polypropylenfasern und entsprechende Produkte daraus, die durch dieses oder ein ähnliches Verfahren erhalten wurden. Inh.: Nippon Rayon Co., Ltd. A. 17. 1. 63, E. 2. 12. 63. Int. Kl.: D 06 m; D 06 p. A. -Z.: 921743. Prior.: 17. 1. 62; 3. 2. 62 (Ja; A.-Z.: 940/62; 4153/62).

GBP 940665. Stabilisierte polymere Kompositionen. Inh.: Montecatini Soc. Gen. per l'Industria Mineraria e Chimica. A. 22. 3. 62, E. 30. 10. 63. Kl.: C 3 P. Int. Kl.: C 08 f. A.-Z.: 11072/62. Prior.: 27. 3. 61 (It; A.-Z.: 5518).

GBP 940952. Verfahren zur Herstellung von Textilfasern. Inh.: Montecatini Soc. Gen. per l'Industria Mineraria e Chimica. A. 13. 5. 60, E. 6. 11. 63. Kl.: C 3 P. Int. Kl.: C 08 f; D 01 f. A.-Z.: 16963/60. Prior.: 18. 5. 59 (It; A.-Z.: 8372).

SUP 158979 (Urheberschein). Verfahren zur Herstellung von Pfropfcopolymeren. Erf.: *V. L. Cetlin, A. V. Vlasov, P. Ja. Glazunov, N. V. Michajlov, I. I. Patalach, L. S. Polak, S. R. Rafikov* u. *L. G. Tokareva*. A. 9. 11. 62 B. 22. 11. 63. Kl.: 39b, 3/65, A.-Z.: 801882/23 – 4.

FrP 1344297 (Aj.). Vinylprodukte, die eine verbesserte Stabilität aufweisen, und ihre Herstellung. Inh.: E. I. du Pont de Nemours & Co. A. 30. 8. 62, E. 21. 10. 63. Int. Kl.: D 01 f; C 08 f. A.-Z.: 908195.

GBP 937306. Herstellung von Formteilen aus verstärkten Organopolysiloxanelastomeren. Inh.: Imperial Chemical Industries Ltd. A. 17. 7. 61. Kl.: 2 (7). A.-Z.: 27988/60.

SUP 158980 (Urheberschein). Verfahren zur endgültigen Zersetzung von Viskosefäden in den Aufmachungen. Erf.: *V. M. Duvanova, Ju. M. Petipa, A. Ja. Bubenkov* u. *A. V. Migačev*. A. 20. 11. 62, B. 22. 11. 63. Kl.: 29b, 5/06. A.-Z.: 804170/28 – 12.

Klasse 39c

DBP 1063379. Verfahren zur Herstellung von linearen Polymerisations- oder Polykondensationsprodukten mit verbesserter Wärmebeständigkeit und verminderter elektrostatischer Aufladung. Erf.: *R. Lotz, G. Wick*. Anm.: Vereinigte Glanzstoff-Fabriken AG, Wuppertal-Elberfeld. A. 16. 6. 56, B. 13. 8. 59, E. 14. 1. 60. Kl.: 10. 39c, 10, A.-Z.: V 10790.

GBP 940371: Verfahren zur Polymerisation von Lactamen. Inh.: Imperial Chemical Industries Ltd. A. 4. 5. 62, E. 30. 10. 63. Kl.: C 3. R. Int. Kl.: C 08 g, A.-Z.: 20582/61.

DBP 1052683. Verfahren zur Herstellung von Mischpolyestern der Terephthalsäure. Erf.: *W. Münster, E. Dreher* u. *M. Paul*. Anm.: Badische Anilin- & Soda-Fabrik AG, Ludwigshafen/Rhein. A. 11. 8. 55, B. 12. 3. 59, E. 15. 11. 62. Kl.: 39c, 16. A.-Z.: B 36821.

OeP 232736. Verfahren zur Herstellung von Polyestern. Inh.: Fabriek van Chemische Producten Vondelingenplaat N. V., Rotterdam (Nd). 24. 11. 61./15. 8. 63/15. 2. 64. Kl.: 39 b, 22. A.-Z.: 8913/61. Prior.: 24. 11. 60 (Nd).

FrP 1348305. Verfahren zur Herstellung von Styrol enthaltenden Polyesterharzen. Inh.: Shell Internationale Research Maatschappij N. V. A. 25. 2. 63, E. 25. 11. 63. Int. Kl.: C 08 f; C 09 d. A.-Z.: 925879. Prior.: 27. 2. 62 (Nd; A.-Z.: 275326).

GBP 936808. Herstellung von Epoxyalkylestern. Inh.: Shell Internationale Research Maatchappij N. V. A. 17. 5. 60. Kl.: 2 (5). A.-Z.: 17390/60. Prior.: 19. 5. 59; 30. 6. 59; 30. 11. 59 (Nd; A.-Z.: 239307; 240769; 245932).

DAS 1161023. Verfahren zur Herstellung von thermisch stabilen Polyoxymethylenen. Erf.: *F. Sabbioni, D. Grazioli* u. *N. Oddo*. Anm.: Montecatini Soc. Gen. per l'Industria e Chimica, Mailand (It). A. 22. 2. 62, B. 9. 1. 64. Kl.: 39 c, 18. A.-Z.: M 51909. Prior.: 28. 2. 61 (It; A.-Z.: 3778).

DAS 1161421. Verfahren zur kontinuierlichen Polymerisation von Trioxan oder zur Mischpolymerisation von Trioxan mit anderen Comonomeren. Erf.: *K. Küllmar, H. Schmidt, G. Roos* u. *E. Fischer*. Anm.: Farbwerke Hoechst AG vorm. Meister Lucius & Brüning, Frankfurt/M. A. 6. 5. 61, B. 16. 1. 64. Kl.: 39c, 18. A.-Z.: F 33870.

OeP 232730. Verfahren zur Herstellung von hochmolekularen linearen Polymeren von Aldehyden. Erf.: *G. Natta, G. Mazzanti* u. *P. Chini*. Inh.: Montecatini Soc. Gen. per l'Industria Mineraria e Chimica, Mailand. 4. 11. 60/15. 8. 63/15. 2. 64. Kl.: 39b, 16. A.-Z.: 8209/60. Prior.: 6. 11. 59; 16. 12. 59 (It).

FrP 1344994. Lineare Polymere von Ketenen, die eine Polyacetal-Struktur aufweisen und Verfahren zu ihrer Herstellung. Erf.: *G. Natta, G. Pregaglia, G. Mazzanti* u. *M. Binaghi*. Inh.: Montecatini Soc. Gen. per. l'Industria Mineraria e Chimica. A. 8. 10. 62, E. 28. 10. 63. Int. Kl.: C 08 f; C 08 g. A.-Z.: 911545. Prior.: 11. 10. 61 (It; A.-Z.: 18270/61).

SUP 159284 (Urheberschein). Kontinuierliches Verfahren zur Herstelllung von α-Polyoxymethylen. Erf.: *M. S. Bardanjan, M. Ja. Leršuk, N. V. Orlova, I. N. Busina, M. B. Dorfman, K. V. Lipec* u. *M. A. Margulis*. A. 26. 9. 62, B. 7. 12. 63. Kl.: 39c, 18. A.-Z.: 796369/23 - 4.

DBP 1067592. Verfahren zur Herstellung von Olefinpolymerisaten. Erf.: *N. v. Kutepow, W. Müller*. Inh.: Badische Anilin- & Soda-Fabrik AG, Ludwigshafen/Rhein. A. 20. 11. 57, B. 22. 10. 59, E. 17. 3. 60. Kl.: 39c 25/01. A.-Z.: B 46847.

DAS 1160618. Verfahren zur Herstellung von kristallinem Polystyrol. Erf.: *A. D. Ketley*. Anm.: W. R. Grace & Co., New York, N. Y. (US). A. 27. 10. 62, B. 2. 1. 64. Kl.: 39c, 25/01. A.-Z.: G 36244.

DAS 1160619. Verfahren zur Herstellung von spinnfähigen Lösungen des Polyacrylnitrils und seiner Copolymerisate. Erf.: *E. Roth* u. *E. Reifegerste*. Anm.: VEB Filmfabrik AGFA Wolfen, Wolfen (Kr. Bitterfeld). A. 8. 3. 62, B. 2. 1. 64. Kl.: 39c, 25/01. A.-Z.: V 22143

DAS 1161028. Verfahren zur Herstellung von linearen kristallinen Kopf-Schwanz-Polymeren von N-Vinylcarbazol. Erf.: *G. Natta, G. Mazzanti, G. Dall'Asta* u. *A. Casale*. Anm.: Montecatini Soc. Gen. per l'Industria Mineraria e Chimica, Mailand (It). A. 29. 7. 61, B. 9. 1. 64. Kl.: 39c, 25/01. A.-Z.: M 49863. Prior.: 2. 8. 60 (It; A.-Z.: 13838).

GBP 936877. Polymerisation des Äthylens und Buten-1. Inh.: Shell Internationale Research Maatschappij N. V. A. 1. 5. 61. Kl.: 2 (6). A.-Z.: 15765/61.

GBP 936995. Verfahren zur Polymerisation von α-olefinischen Kohlenwasserstoffen mit mindestens 3 C-Atomen im Molekül und Katalysator dafür. Inh.: Stamicarbon N. V. A. 7. 12. 59. Kl.: 2 (6). A.-Z.: 41574/59. Prior.: 12. 12. 58 (Nd; A.-Z.: 234190).

GBP 937215. Verfahren zum Polymerisieren von Vinylmonomeren. Inh:. Montecatini Soc. Gen. per l'Industria Mineraria e Chimica. A. 3. 7. 61. Kl.: 2 (6). A.-Z.: 23936/61. Prior.: 7. 7. 60 (It; A.-Z.: 11936).

Klasse 42 k, 50

DBP 1075339. Zur Durchführung des Kollektiv-Reißverfahrens (nach Patent 1041278) dienende Zugkraft-Meßvorrichtung. Erf.: Dr. *H. Schumacher* (zugl. Anm). A. 25. 11. 53, B. 11. 2. 60, E. 11. 8. 60. Kl.: 42k, 50, A.-Z.:Sch 14033.

SUP 159331 (Urheberschein). Gerät zur Prüfung von Geweben auf wiederholten Zug. Erf.: *P. V. Limanauskas*. A. 30. 12. 62, B. 7. 12. 63. Kl.: 42k, 50. A.-Z.: 810968/28 - 12.

Literaturschau

Auszug aus Lieferung 5 und 6/1964 des Dokumentationsdienstes „Faserstoffe und Textiltechnik", zusammengestellt von der Abteilung Wissenschaftliches Berichtswesen des Instituts für Faserstoff-Forschung der DAW, Teltow-Seehof, Kantstr. 55

I. Wissenschaftliche Grundlagen

Physik und Chemie der Hochpolymeren

Philipp, B., Wulf, K., Dautzenberg, H., Rheologische Untersuchungen an Spinnlösungen. 1. Mitt.: Untersuchung des Fließverhaltens von Viskose im Strukturviskosimeter nach Umstätter. Faserforsch. u. Textiltechnik **15** (1964) 3, S. 101 – 109.

Rusznák, I. (Schreibw. i. Orig.: Rusnak, I.), Unteruchung von durch Stickstoffdioxid oxydierter Cellulose. II. Einfluß der Reaktionsfähigkeit und des Durchschnittspolymerisationsgrades der unbehandelten Cellulose auf den Oxydationsgrad und die Löslichkeit des oxydierten Produkts in Alkalilösung). Vysokomol. Soed. (Hochmol. Verbind.) **6** (1964) 1, S. 174 bis 179.

Schleese, E., Mikroskopische und viskosimetrische Untersuchungen zum Quell- und Lösungsverhalten von Polyvinylchlorid in Weichmachern. Dissertation/Clausthal, Bergak., F. f. Natur- u. Geisteswiss./ v. 9. Mai 1962/Clausthal 1962. 78 S. m. Abb., Anh. 8° Ref.: Dt. Nationalbibliogr., Reihe B (1964) 1, S. 48, Nr. 564.

Marupov, R., Žbankov, R. G., Poljakov, A. I., Rogovin, Z. A., Spektroskopische Untersuchung von Produkten des thermischen Abbaus von Cellulosemethylxanthogenat. Vysokomol. Soed. (Hochmol. Verbind.) (1963) Sonderheft „Cellulose und ihre Derivate", S. 196 – 198.

Balabaeva, M. D., Liševskaja, M. O., Žbankov, R. G., Virnik, A. D., Rogovin, Z. A., Untersuchung des Baues einiger neuer Cellulosederivate mittels UR-Spektroskopie. Vysokomol. Soed. (Hochmol. Verbind.) (1963) Sonderheft „Cellulose und ihre Derivate", S. 157 – 160.

Nikitin, V. N., Michajlova, N. V., Studium der Kristallisation von Triacetylcellulose an Hand der UR-Absorptionsspektren. Vysokomol. Soed. (Hochmol. Verbind.) (1963) Sonderheft „Cellulose und ihre Derivate", S. 40 – 43.

Bubser, W., Eichmanns, H., Über die Abhängigkeit der Wanderungsgeschwindigkeit substantiver Farbstoffe vom strukturellen Aufbau der Celluloseregeneratfasern. Textil-Praxis **19** (1964) 1, S. 81 – 84.

Heine, S., Über den Einfluß des ausgeschlossenen Volumens und einer verschieden dichten Belegung mit Streuzentren auf das Streuverfahren von Irrflugketten und die Folgerungen für frühere Streukurven-Berechnungen bei Fadenmolekülen, Makromol. Chemie **71** (1964) S. 86 – 109.

Holland, V. F., Morphologie und Elektronenbeugung von Nylon 66-Einkristallen. Makromol. Chemie **71** (1964) S. 204 – 206.

Farrow, B., Ford, J. E., Querlinien bei gedehnten Fasern. Nature, London **201** (1964) 4915, S. 183 – 184.

Marupov, R., Žbankov, R. G., Krjažev, Ju. G., Rogovin, Z. A., Untersuchung der Struktur von Pfropfcopolymeren der Cellulose mit Poly-2-Methyl-5-vinylpyridin mittels UR-Spektroskopie. Vysokomol. Soed. (Hochmol. Verbind.) (1963) Sonderheft „Cellulose und ihre Derivate", S. 150 – 156.

Jokl, J., Míkulová, B., Šebenda, J., Über die Struktur und Eigenschaften von Polyamiden. VII. Bestimmung von Imidgruppen in Poly-6-caprolactam durch differentielle Infrarotspektrometrie. Coll. czechoslov. chem. Commun. **28** (1963) 12, S. 3239 – 3244. VI.: S. 2685 (P. Schmidt; B. Schneider).

Jokl, J., Über die Struktur und Eigenschaften von Polyamiden. VIII. Spektren des Polycaprolactams im nahen Infrarot. Coll. czechoslov. chem. Commun. **28** (1963) 12, S. 3305 – 3310.

Pelzbauer, Z., Über die Struktur und die Eigenschaften von Polyamiden. IX. Entwicklungsstadien von makromolekularen Sphärolithen. X. Eine elektronenmikroskopische Untersuchung der Sphärolithstruktur in einem Polymeren in Substanz an Ultradünnschnitten. Coll. czechoslov. chem. Commun. **29** (1964) 1, S. 56 – 59; 309 – 311.

Šebenda, J., Puffr, R., Über die Struktur und die Eigenschaften der Polyamide. XI. Typen der Sorptionsisothermen des Wassers im Poly-6-caprolactam. XII. Berechnung des Gehaltes an amorphem und mesomorphem Polymer im Poly-6-caprolactam aus Messungen der Gleichgewichtssorption von Wasser. Coll. czechoslov. chem. Commun. **29** (1964) 1, 60 – 74; 75 – 87.

Bezirganjan, P. A., Beugung von Röntgenstrahlen an Faserstoffen. Ž. techn. Fiziki (Z. techn. Physik) **34** (1964) 1, S. 110 – 114.

Timofeeva, V. G., Zajceva, V. D., Bartenev, G. M., Kozlov, P. V., Einfluß niedermolekularer Stoffe auf die strukturmechanische Beweglichkeit von Cellulosetriacetat in einem breiten Temperaturbereich. Vysokomol. Soed. (Hochmol. Verbind.) (1963) Sonderheft „Cellulose und ihre Derivate", S. 181 – 185.

Kozlov, P. V., Fajnberg, Ė. Z., Andreeva, I. N., Einfluß einer thermischen Behandlung auf die Struktur von Cellulosetribenzoat. Vysokomol. Soed. (Hochmol. Verbind.) (1963) Sonderheft „Cellulose und ihre Derivate", S. 192 – 195.

Drabkin, I. A., Rozenštejn, L. D., Gejderich, M. A., Davydov, B. E., Über den Mechanismus der thermischen Umwandlung von Polyacrylnitril. Dokl. Akad. Nauk SSSR (Ber. Akad. Wiss. UdSSR) **154** (1964) 1, S. 197 – 199.

Pellon, J., Phosphorhaltige Polyamide. II. Struktureinflüsse auf die Erweichungs- und Einfriertemperatur. J. Polymer Sci. Part **A 1** (1963) 12, S. 3561 – 3567.

Kozlova, Ju. S., Pogadaeva, A. A., Rogovin, Z. A., Synthese neuer Derivate der Cellulose und anderer Polysaccharide. XXVIII. Synthese von Propfcopolymeren der Cellulose mit Polyacryl und Polymethacrylsäure. Vysokomol. Soed. (Hochmol. Verbind. (1963) Sonderheft „Cellulose und ihre Derivate", S. 3 – 7.

Livšic, R. M., *Rogovin, Z. A.*, Synthese neuer Derivate der Cellulose und anderer Polysaccharide. XXX. Synthese von Propfcopolymeren der Cellulose mit Polyacrylonitril in Gegenwart von Salzen des vierwertigen Cers. Vysokomol. Soed. (Hochmol. Verbind.) (1963) Sonderheft „Cellulose und ihre Derivate", S. 12 – 17.

Liševskaja, M. O., Virnik, A. D., Rogovin, Z. A., Synthese neuer Derivate der Cellulose und anderer Polysaccharide. XXXI. Einführung neuer funktioneller Gruppen in das Makromolekül der aromatischen Aminogruppen enthaltenden modifizierten Cellulose. Vysokomol. Soed. (Hochmol. Verbind.) (1963) Sonderheft „Cellulose und ihre Derivate", S. 32 bis 36.

U Mej-jan', Tjuganova, M. A., Gefter, E. L., Rogovin, Z. A., Synthese neuer Derivate der Cellulose und anderer Polysaccharide. XXXII. Synthese phosphorhaltiger Derivate der Cellulose durch Umesterung. Vysokomol. Soed. (Hochmol.Verbind.) (1963) Sonderheft „Cellulose und ihre Derivate", S. 37 – 39.

Livšic, R. M., Predvoditelev, D. A., Rogovin, Z. A., Synthese neuer Derivate der Cellulose und anderer Polysaccharide. XXXVII. Synthese von Propfcopolymeren aus modifizierter Cellulose und Polymeren mit Kohlenstoffkette unter Anwendung von Verbindungen des fünfwertigen Vanadiums. I. Vysokomol. Soed. (Hochmol. Verbind) (1963) Sonderheft „Cellulose und ihre Derivate", S. 60 – 64.

Livšic, R. M., Marupov, R., Žbankov, R. G., Rogovin, Z. A., Synthese neuer Derivate der Cellulose und anderer Polysaccharide. XXXVIII. Synthese von Propfcopolymeren aus modifizierter Cellulose und Polymeren mit Kohlenstoffkette unter Verwendung von Verbindungen des fünfwertigen Vanadiums. II. Vysokomol. Soed. (Hochmol. Verbind.) (1963) Sonderheft „Cellulose und ihre Derivate", S. 65 – 69.

Poljakov, A. I., Rogovin, Z. A., Synthese neuer Derivate der Cellulose und anderer Polysaccharide. XXXIX. Neue Methode zur Synthese von Estern der Cellulose mit aliphatischen Carbonsäuren. Vysokomol. Soed. (Hochmol. Verbind.) (1963) Sonderheft „Cellulose und ihre Derivate", S. 70 bis 72.

Krjažev, Ju. G., Rogovin, Z. A., Černaja, V. V., Synthese neuer Derivate der Cellulose und anderer Polysaccharide. XL. Gewinnung eines Pfropfcopolymeren der Cellulose mit Polymethylvinylpyridin ohne gleichzeitige Bildung von Homopolymeren. Vysokomol. Soed. (Hochmol. Verbind.) (1963) Sonderheft „Cellulose und ihre Derivate", S. 94 – 99.

Livšic, R. M., Rogovin, Z. A., Synthese von Pfropfcopolymeren der Cellulose mit Polymeren mit Kohlenstoffkette unter Verwendung von Mangan-(III)pyrophosphat. Chim. Volokna (Chem. Fasern) **5** (1963) 6, S. 38 – 40.

Golova, O. P., Nosova, N. I., Andrievskaja, E. A., Majat, N. S., Zur Frage des Mechanismus der Celluloseoxydation durch Luftsauerstoff im alkalischen Medium. Beständigkeit von nativer und regenerierter Baumwollcellulose gegen Oxydation in Abhängigkeit vom Gehalt an Carbonylgruppen. Vysokomol. Soed. (Hochmol. Verbind.) (1963) Sonderheft „Cellulose und ihre Derivate", S. 110 – 113.

Šarkov, V. I., Levanova, V. P., Über den Einfluß der Struktur gemahlener Baumwollcellulose auf ihre Reaktionsfähigkeit bei der Äthanolyse. Vysokomol. Soed. (Hochmol. Verbind.) (1963) Sonderheft „Cellulose und ihre Derivate", S. 18–24.
Zueva, R. V., Žbankov, R. G., Ivanova, N. V., Kozlov, P. V., Podgorodeckij, E. K., Untersuchung der zwischenmolekularen Wechselwirkung in Celluloseacetaten. I. Durch homogene Acetylierung und partielle Verseifung erhaltene Celluloseacetate. II. Durch heterogene Acetylierung und partielle Verseifung erhaltene Celluloseacetate. III. Natur der zwischenmolekularen Bindungen in homogen wie heterogen erhaltenen Celluloseacetaten. Vysokomol. Soed. (Hochmol. Verbind.) (1963) Sonderheft „Cellulose und ihre Derivate", S. 118–123; 124–130; 131–138.

Physik und Chemie der Monomeren und Oligomeren

Müller, E., Die wesentlichsten Lactame. Man-made Textiles 41 (1964) 475. S. 31–32.

Polymerisation

Kucnecov, E. V., Gil', A. P., Šermergorn, I. M., Kuznecova, S. F., Synthese von Polyestern und Polyamiden auf der Basis von Nitrophthalsäure nach der Interphasen-Polykondensationsmethode. Vysokomol. Soed. (Hochmol. (Verbind.) **6** (1964) 1, S. 31–33.
Arthur, jr., J. C., Markezich, A. R., McSherry, W. F., Verhalten unter thermischer Beanspruchung von durch Strahlung induzierten Pfropfpolymeren von Baumwolle. Textile Res. J. **33** (1963) 11, S. 896–899.
Movsum-Zade, A. A., Livšic, R. M., Rogovin, Z. A., Konkin, A. A., Synthese von Pfropfcopolymeren der Cellulose mit Polybutylacrylat. Vysokomol. Soed (Hochmol. Verbind) (1963) Sonderheft „Cellulose und ihre Derivate", S. 186–191.
Higashimura, T., Watanabe, T., Okamura, S. Untersuchungen über die kationische Polymerisation von Alkylvinyläthern durch heterogene Katalysatoren. III. Metallsulfat-Schwefelsäure-Komplexe als Katalysatoren für die stereospezifische Polymerisation. Chem. High. Polymers. Tokyo **20** (1963) 223, S. 680–686. (jap.; engl. Zusammenfass.).
Barkalov, I. M., Gol'danskij, V. I., Enikolopjan, N. S., Terechova, S. F., Trofimova, G. M., Strahlungsinduzierte Polymerisation in fester Phase. I. Polymerisation von Acrylnitril. Vysokomol. Soed. (Hochmol. Verbind.) **6** (1964) 1, S. 92–97.
Ottolenghi, A., Barzakay, S., Zilkha, A., Anionische Polymerisation von Acrylnitril durch verschiedene Katalysatoren. J. Polymer Sci., Part A **1** (1963) 12, S. 3643–3654.
Barkalov, I. M., Gol'danskij, V. I., Enikolopjan, N. S., Terechova, S. F., Trofimova, G. M., Strahlungsinduzierte Polymerisation in fester Phase. II. Polymerisation von Vinylacetat. Über die Abarten der Temperaturabhängigkeit der Polymerisationsgeschwindigkeit. Vysokomol. Soed. (Hochmol. Verbind.) **6** (1964) 1, S. 98–102.
Kun De-čžen, Četyrkina, G. M., Sokolova, T. A., Koton, M. M., Polymerisation von substituierten N-Phenylacrylamiden. VI. Vysokomol. Soed. (Hochmol. Verbind.) **6** (1964) 1, S. 149–152.
Allen, P. E. M., Gill, D., Die Polymerisation von Styrol durch feste Katalysatoren, die durch Reaktion von Ti-(IV)-Verbindungen mit Grignard-Reagentien erhalten wurden. II. Kinetische Untersuchungen. Makromol. Chemie 71 (1964) S. 33–46.

II. Faserstoffe. Ausgangsstoffe usw.

USA-Unterstützung für Forschungsarbeiten über Baumwolle, Seide und Chemiefasern in England. Nature, London **201** (1964) 4917, S. 347.
Strukturverbesserung von Cellulosefasern. Chemiefasern **14** (1964) 1, S. 45.

Naturfaserstoffe

Pflanzenfaserstoffe

Richter, H., Studien über die chemische Zusammensetzung der Baumwollfasern verschiedener Anbaugebiete. Dresden 1963. 3, 135 gez. Bl. mit eingekl. Abb. 4° [Maschinenschr. vervielf.] Dresden TU, F. f. Math. u. Naturwiss., Diss. v. 8. Juli 1963. (Nicht f. Aust.) Ref.: Dt. Nationalbibliogr., Reihe B (1963) 21. S. 1998, Nr. 748.
Baumwolle ohne Wachstumsringe. Textile Manuf. **90** (1964) 1069, S. 31–32.
von Hornuff, G., Richter, H., Studien über die chemische Zusammensetzung der Baumwollfasern verschiedener Anbaugebiete. Faserforsch. u. Textiltechnik **15** (1964) 3, S. 115–126.

Tierische Faserstoffe

Nakamura, Y., Nemoto, Y., Kondo, T., Untersuchungen über das Cystin in Wolle. IX. Der Einfluß der von Wolle adsorbierten Thioglykolsäure auf die Fixierbarkeit. J. Soc. Textile Cellulose Ind., Japan **19** (1963) 11, S. 881–888. (jap.; engl Zusammenfass.).
Nakamura, Y., Kondo, T., Untersuchungen über das Cystin in Wolle. X. Histologisch-chemische Untersuchung der mit Thioglykolsäure behandelten Wolle. J. Soc. Textile Cellulose Ind., Japan **19** (1963) 11, S. 881–882, 888–893. (jap.; engl. Zusammenfass.).
Walker, R., Quellen, Klassifizierung und Einsatzgebiete von Wollabfällen. Textile Manuf. **90** (1964) 1069, S. 3–7.
Żuławska, Z., Neue Verfahren bei Erzeugung von Seiden. Przegl. włókienn. (Textil-Rdsch.) **17** (1963) 12, S. 418–422.
Miró, P., Der Zerfall des Tryptophans der Wolle durch Oxydation mittels Wasserstoffperoxid. Bull. Inst. Textile France **17** (1963) 109, S. 1165 bis 1173.

Chemiefaserstoffe

Goldberg, J. B., 1963: Großes Forschungsjahr für Fasern und Garne. Chemiefasern **14** (1964) 1, S. 18–20.
Dorset, B. C. M., Chemieseide und -spinnfasern „nach Maß". Textile Manuf. **90** (1964) 1070, S. 68–72, 75.

Regeneratfaserstoffe

Hendrix, H., Vermeidung von Dehnungsverlusten in der Trocknung beim Spinnen von Cupro. Chemiefasern **14** (1964) 1, S. 46–50.
Treiber, E., Viskosefasern mit großer Zukunft. Chemiefasern **14** (1964) 1, S. 25–39.
Bobek, E., Aktuelles über Polynosic-Fasern. Chemiefasern **14** (1964) 1, S. 20.
Perepečkin, L. P., Lysjakova, N. S., Gewinnung von Lösungen von Triacetylcellulose im Acetylierungsgemisch zum Spinnen von Stapelfaser. Chim. Volokna (Chem. Fasern) **5** (1963) 6, S. 43–44.
Gerischer, H., Die Verarbeitung von Viskosebast in der Textilindustrie. Dt. Textiltechnik **14** (1964) 2, S. 95–97.
Cheatham, A., Lirelle, Courtaulds neue Hochmodul-Viskosefaser — Faser-, Garn- und Gewebeeigenschaften. Mod. Textiles Mag. **45** (1964) 1, S. 113 bis 116.
Walden, Ch. F., Lirelle, Courtaulds neue Hochmodul-Viskosefaser — wie Lirelle zum Verkauf angeboten wird. Mod. Textiles Mag. **45** (1964) 1, S. 118–119.

Synthetische Faserstoffe

Takeda, H., Beziehung zwischen der Lösungsmittelentfernung und den Fasereigenschaften beim Naßspinnverfahren von Acrylfasern unter Anwendung eines Butanol-Fällbades. J. Soc. Textile Cellulose Ind., Japan **19** (1963) 11, S. 875–880. (jap.; engl. Zusammenfass.).
Solomon, G. L., Nylon heute. Mod. Textiles Mag. **45** (1964) 1, S. 47, 48, 50, 51.
Nylon — die Jahre des Wachstums. Mod. Textiles Mag. **45** (1964) 1, S. 41, 42, 46.
Henke, T., Die sich ausdehnende Welt des Nylon — wie alles begann. Mod. Textiles Mag. **45** (1964) 1, S. 23, 24, 26, 30, 34, 36, 125.
Weinstock, H. H., Nylon — was es ist, woraus und wie es hergestellt wird. Mod. Textiles Mag. **45** (1964) 1, S. 63, 46, 67, 68.
Campbell, J., Nylons jüngere Schwestern. Mod. Textiles Mag. **45** (1964) 1, S. 56, 57, 58, 60, 61, 62, 127.
Thomas, P. M., Maschinen für Nylon. Mod. Textiles Mag. **45**, (1964) 1, S. 95–98, 102–104, 108, 109.

III. Spinnerei (Verspinnen)

Hartenhauer, H.-P., Technologische Betrachtungen zum Produktionsablauf der größten ägyptischen Baumwollspinnerei und -zwirnerei. Dt. Textiltechnik **14** (1964) 1, S. 14–18.

Spinnereivorbereitung

Siekowski, R., Vorgang des Prozesses der Rohstoffmischung in der Streichgarnspinnerei. Technik włókienn. (Textiltechnik) **12** (1963) 11, S. 279 bis 283.
Ginzburg, L. I., Die Wissenschaft im Dienst der Bastfaserindustrie. Tekstil. Prom., Moskva (Textil-Ind.) **23** (1963) 12, S. 16–20.
Zotikov, V. E., Frolova, T. A., Über die Auswahl der Länge von Viskosestapelfaser bei ihrer Verarbeitung in Mischung mit Baumwolle. Tekstil. Prom., Moskva (Textil-Ind.) **23** (1963) 12, S. 22–28.
Paul, H., Burkhardt, S., Vereinigungen von zwei Streckpassagen in einem Arbeitsgang. Dt. Textiltechnik **14** (1964) 2, S. 69–72.

Spinnerei

Uzdowski, H., Kubica, H., Strecken mit Selbstausgleichsvorrichtungen (Autolevellern) in der Wollkammgarnspinnerei. Vergleich der Ausgleichsfähigkeit von drei Autolevellertypen: Prince-Smith, Tematex und OTO Melara. Technik. włókienn. (Textiltechnik) **12** (1962) 11, S. 284–288.
Wegener, W., Ehrler, H., Gewicht und spezifischer Draht eines Faserverbandes während der Fadenbildung auf einem Standspinner. Z. ges. Textilind. **66** (1964) 1, S. 50–56.
Wegener, W., Sprenkmann, W., Betrachtungen über das unterschiedliche elektrostatische Verhalten avivierter Fasern und daraus gezogene Folgerungen für die kontinentale Kammgarnspinnerei, 1. Teil. Textil-Praxis **19** (1964) 1, S. 47–57.
Komarov, V. G., Volkov, J. V., Über das Flyerlosspinnen von Flachs nach dem Naßverfahren. Tekstil. Prom., Moskva (Textil-Ind.) **23** (1963) 12, S. 28–32.
Gessner, W., Fadenbruchursachen in der Kammgarnspinnerei. 2. Teil. Textil-Praxis **19** (1964) 1, S. 58–62.

Erzeugnisse der Spinnerei

Spezialbetrieb für die Herstellung von Crossbred-Garnen. Textile Rec. **81** (1964) 970, S. 53–54.
Różycki, A., Beurteilung der Reinheit von Baumwollgarn). Technik włókienn. (Textiltechnik) **12** (1963) 11, S. 290–299.
Pohl, G., Wirkner, A., Einfluß der Technologie auf Qualität und Kosten von Streichgarnen. Dt. Textiltechnik **14** (1964) 1, S. 9–13.
Zwierlein, J., Entstehung und Beseitigung fehlerhafter Kopsformen an der Baumwoll-Ringspinnmaschine. Melliand Textilber. **45** (1964) 1, S. 26–27.
Garne und Gewebe aus Terylene/Leinen-Mischungen. Textile Rec. **81** (1964) 971, S. 59–61.

IV. Materialvorbereitung. Texturfadenherstellung. Textilverbundstoffe

Materialvorbereitung

Wiederverwendung der Ausrüstung auf gefärbten „Terylene"-Kammzügen. Textile Manuf. **90** (1964) 1069, S. 12–15.

Textilverbundstoffe

Hearle, J. W. S., Stevenson, P. J., Untersuchungen an nichtgewebten Stoffen. Teil III: Die Anisotropie von nichtgewebten Stoffen. Textile Res. J. **33** (1963) 11, S. 877–888.
Müller, H., Neue Erkenntnisse auf dem Gebiet der Skelantechnologie. Dt. Textiltechnik **14** (1964) 2, S. 64–68.
Splittfaserverfahren — eine neue textile Verarbeitungsmethode. Ref.: Norsk Textiltid. (1964) 1, S. 30. Ingeniørens Ugeblad (1963) 19, S. 20 (2. S.).

V. Weberei

Weberei

Klinecky, L., Durch neue Technik zur Steigerung des Niveaus der Weberei. Textil. Praha **19** (1964) 1, S. 8–10.
Granz, W., Brauße, U., Untersuchung des Webvorganges. Diplomarbeit/ Hochschule für Maschinenbau Karl-Marx-Stadt/Institut für Textilmaschinenkonstruktion und Technologie der Faserstoffe/20. 3. 63/201 S.
Vonberg, H., Die Herstellung und Ausrüstung von Wolldecken. Spinner, Weber, Textilveredlung **82** (1964) 1, S. 43–44.

Erzeugnisse der Weberei

Bilbie, H., Herstellung und Prüfung reinwollener, elastischer Gewebe. Textile Inst. Ind. **2** (1964) 1, S. 10–12.
Krasny, J. F., Getchell, N. F., Tovey, H., Wärme, gebauschte Baumwollgewebe – einige informatorische Untersuchungen. Textile Res. J. **33** (1963) 11, S. 889–896.
Fritsche, H., Strukturwandel auf dem Sektor der Gardinenstoffe, Melliand Textilber. **45** (1964) 1, S. 38–39.
Porter, I. S., Moderne Entwicklungen in der Wilton-Teppich-Weberei. Textile Inst. Ind. **2** (1964) 1, S. 4–6.
Zawadzki, J., Neue Teppichherstellungsverfahren. Technik włókienn. (Textiltechnik) **12** (1963) 11, S. 304–305.
Hamilton, J. B., Ein allgemeines System der Gewebegeometrie. J. Textile Inst. **55** (1964) 1, S. T66–T82.
Iyer, K., Hepworth, K., Snowden, D. C., Die inhärente Asymmetrie der 2/2 Köperbindung. J. Textile Inst. **55** (1964) 1, S. T99–T110.
Alford, M. W., Verhältnisvergleich von Gewebestrukturen. J. Textile Inst. **55** (1964) 1, S. T83–T98.
Smirnov, V. I., Über die analytische Bestimmung der Wellenhöhen von Kett- und Schußfäden in Geweben mit Leinwandbindung. Tekstil. Prom., Moskva (Textil-Ind.) **23** (1963) 12, S. 33–38.

VI. Wirkerei. Strickerei. Konfektionstechnik. Sonstige Technologien

Wirkerei und Strickerei

Sacharnaja, R. J., Nosovickaja, N. J., Chudin, A. S., Herstellung von regulären Trikotagen auf Cottonmaschinen. Tekstil. Prom., Moskva (Textil-Ind.) **23** (1963) 12, S. 45–47.
Schlüssel, L., Neue Fertigungsverfahren für die Herstellung von nahtlosen Damenstrümpfen. Dt. Textiltechnik **14** (1964) 2, S. 76–81.
Enrick, N. L., Kontrolle der Maschenwarenproduktion. Hosiery Times **37** (1964) 417, S. 37, 38, 100.

Erzeugnisse der Wirkerei und Strickerei

Heby, J., Kopp, E., Textile Rohstoffe – spezifische Anforderungen und Verarbeitungseigenschaften aus dem Blickwinkel der Branche Untertrikotagen. Dt. Textiltechnik **14** (1964) 1, S. 27–31.
Hupfer, F., Allgemeine Entwicklung der Nylon-Webtrikotartikel. SVF Fachorgan Textilveredl., Basel **18** (1963) 12, S. 743–751.
Kal'nickij, L. B., Elen, A. I., Über eine neue Methodik zur Rohstoffnormung bei der Produktion von Obertrikotagen-Stückerzeugnissen. Tekstil. Prom., Moskva (Textil-Ind.) **23** (1963) 12, S. 48.
Grosberg, P., Die geometrischen Eigenschaften von einfachen Kettengewirken. J. Textile Inst. **55** (1964) 1, S. T18–T30.
Nutting, T. S., Leaf, G. A. V., Eine verallgemeinerte Geometrie von Kuliergewirken. J. Textile Inst. **55** (1964) 1, S. T45–T53.
Eggleston, B. C., Cox, M., Die Geometrie von voluminösen Nylongarnen in Kuliergewirken. J. Textile Inst. **55** (1964) 1, S. T31–T44.

VII. Textilveredlung

Alphabetisches Verzeichnis neuer Erzeugnisse; entwickelt seit November 1962. Amer. Dyestuff Rep. **52** (1963) 25, S. 51(976)–82(1007), 116(1034) bis 118(1036).
Tesoro, G. C., Modellsysteme zur Untersuchung der chemischen Ausrüstung. Amer. Dyestuff Rep. **52** (1963) 25, S. 99(P1022)–103(P1026).
Meunier, P. L., Iannarone jr., J. J., Wygand jr., W. J., Theoretische und praktische Aspekte des Du-Pont-Thermosolprozesses. Amer. Dyestuff Rep. **52** (1963) 25, S. 91(P1014)–98(P1021).
Englisch, G., Grundlagen für die Projektierung von kontinuierlichen Färbe- und Druckanlagen sowie einer Universalanlage für Färberei und Druckerei. Melliand Textilber. **45** (1064) 1, S. 71–78.
Peters, A. T., Trend in der Färberei- und Ausrüstungstechnik. Textile Rec. **81** (1964) 970, S. 58, 61–62.
Goldberg, J. B., 1963 – Neue Ausrüstungs- und Färbeverfahren. Neue Endprodukte aus Chemiefasern. Chemiefasern **14** (1964) 2, S. 85–88.
Zapadlo, J., Eigenschaften von Aerosolen vom Gesichtspunkt der Ausrüstung. Textil, Praha **19** (1964) 1, S. 14–16.
Maurer, H., Technik und Erfahrungen auf dem HT-Stückfärbeautoklaven im Zusammenhang mit der Ausrüstung von Polyamid-Webtrikot. SVF Fachorgan Textilveredl., Basel **18** (1963) 12, S. 811–817.
Kamber, A., Das kontinuierliche Waschen und Färben von Webtrikot und Gewirken. SVF Fachorgan Textilveredl., Basel **18** (1963) 12, S. 820–825.
Entwicklung in einem Färberei- und Ausrüstungsbetrieb in Derbyshire. Textile Rec. **81** (1964) 971, S. 62.
Dierkes, G., Entwicklungstendenzen im Bau von Veredlungsmaschinen für Baumwolle und Zellwolle. Chemiefasern **14** (1964) 1, S. 40–45; 2, S. 113 bis 118.

Farbstoffe, Textilhilfsmittel

Hall, A. I., Neue Farbstoffe für die Textilindustrie. Textile Rec. **81** (1964) 970, S. 55–57, 68.
Apperley, T. W. I., Das wachsende Angebot an Textilchemikalien und Hilfsmitteln. Textile Rec. **81** (1964) 970, S. 64–66, 68.
Aścik, K., Über die Möglichkeit einer physikalischen Konstante der Toxizität zwecks Bestimmung der oberen Grenze der zulässigen Konzentrationen. Przegl. włókienn. (Textil-Rdsch.) **17** (1963) 12, S. 422.
Ubaldini, I., Synthetische Farbstoffe, XIII. Fibre e Colori, Milano **14** (1964) 1, S. 9–18.
Jelinek, Z. K., Stejskal, B., Kinetik des Verküpens. I. Einfluß der Teilchengröße des Ostantren-Brillant-Grüns FFB auf die Geschwindigkeit des Verküpens. Textil, Praha **19** (1964) 1, S. 26–27, 28.
Peter, A. T., Farbstoffe für synthetische Fasern. Textile Rec. **81** (1964) 971, S. 63–66, 72.
Gandurin, L. I., Sadov, F. I., Untersuchung verschiedener Reduktionsmittel unter den Bedingungen des Zweiphasen-Druckverfahrens mit Küpenfarbstoffen. Tekstil. Prom., Moskva (Textil-Ind.) **23** (1963) 12, S. 55 bis 59.
Porges, W., Neuzeitliche Verdickungsmittel beim Druck auf Polyamid-Webtrikot. SVF Fachorgan Textilveredl., Basel **18** (1963) 12, S. 791–795.
Hilton, K. A., Anwendung der Alginate in der Textilveredlung. Dt. Textiltechnik **14** (1964) 2, S. 81–85.

Bleicherei. Sonstige Vorbehandlungsarbeiten der Textilveredlung

Frieser, E. P., Über das Bleichen in der Textilindustrie. III. Spinner, Weber, Textilveredlung **82** (1964) 1, S. 32–40.
Strelecky, I., Höcklin, D., Vorbehandlung und optisches Aufhellen von Polyamid-Webtrikot. SVF Fachorgan. Textilveredl., Basel **18** (1963) 12, S. 758–762.

Färberei

Hause, H., Neue Fasern – Neue Farbstoffe. Wiss. u. Fortschr. **14** (1964) 2, S. 76–79.
Miller, A., Moir, J., Guthrie, J. C., Oliver, P. H., Ein berechneter Farbkatalog von Fasermischungen und seine Verwendung zur Voraussage der Abstimmung. J. Soc. Dyers Colourists **79** (1963) 12, S. 604–612.
Kollodzeiski, N., Remazolan-Farbstoffe, eine neue Farbstoffgruppe für die Wolle. Melliand Textilber. **45** (1964) 1, S. 51–54, 4 Abb.
Kirst, W., Das Verhalten von Naphthol AS-Grundierungen bei der kontinuierlichen Imprägnierung auf dem Foulard. Melliand Textilber. **45** (1964) 1, S. 55–59.
Lörinc, A., Cséffalvay, O., Erdélyi, „Neodet FTS", Vorbehandlungsmittel und Carrier für Färbungen. Melliand Textilber. **44** (1963) 12, S. 1364 bis 1366.
Nasuno, A., Tanabe, K., Untersuchungen über die Anfärbbarkeit von Vinylon. VIII. Die Bestimmung der radialen Verteilung des Farbstoffes in Vinylon-Fasern. IX. Der Einfluß der Farbstoffverteilung in der Faser auf Tiefe und Tönung der Färbung. J. Soc. Textile Cellulose Ind. Japan **19** (1963) 11, S. 900–906; 900, 907–910 (jap., engl. Zusammenfass.).
Rosenbaum, S., Kationisches Färbgleichgewicht an Polyacrylnitrilfasern. Textile Res. J. **33** (1963) 11, S. 899–910.
Steinmüller, H., Ursachenermittlung der Farbstreifigkeit bei Viskoseseidengeweben und -gewirken und Wege zur Behebung in der Textilveredlung. Dt. Textiltechnik **14** (1964) 1, S. 32–35.
Kunze, W., Betrachtungen zur HT-Stückfärberei. Chemiefasern **14** (1964) 2, S. 103–107.
Fowler, J. A., Kontinuierliches Färben von Cellulosefasern mit Procion-Farbstoffen – ein Blick in die moderne Praxis. Fibre e Colori, Milano **14** (1964) 1, S. 19–26.
Vilenskaja, B. M., Korčagin, M. V., Der Einfluß der Natur der Farbstoffe auf ihre Absorption beim Foulardieren im Prozeß des Kontinuefärbens von Gewebe aus Viskosestapelfasern. Tekstil. Prom., Moskva (Textil-Ind.) **23** (1963) 12, S. 49–52.
Steinmüller, H., Ursachenermittlung der Farbstreifigkeit bei Viskoseseidengeweben und -gewirken und Wege zur Behebung in der Textilveredlung. Dt. Textiltechnik **14** (1964) 2, S. 91–93.
Baumann, J., Das Färben von Polyamid-Webtrikotwaren mit sauren Wollfarbstoffen auf HT-Baumfärbeapparaten. SVF Fachorgan Textilveredl., Basel **18** (1963) 12, S. 769–772.
Salvin, V. S., Das Färben von Nylon. Mod. Textiles Mag **45** (1964) 1, S. 70, 72, 73, 76, 78, 80, 123.
Denyer, R. L., Neuere Fortschritte beim Färben von Nylonkettenwirkwaren. SVF-Fachorgan Textilveredl., Basel **18** (1963) 12, S. 773–780.
Möckel, E., Praktische Erfahrungen über das Färben von Polyamidwirk- und -webwaren. SVF Fachorgan Textilveredl., Basel **18** (1963) 12, S. 763–768.
Müller, I., Reservierwirkung basischer Farbstoffe beim Färben von PVYF/Wo- bzw. PVYF/VIF-Mischerzeugnissen. Mitt. Inst. Textiltechnol. Chemiefasern, Rudolstadt **8** (1964) 1, S. 23–30.
Neuer Gerber-Foulard für Gewebe und Gewirke mit „Padquick-Trog", SVF Fachorgan Textilveredl., Basel **18** (1963) 12, S. 825–826.

Druckerei

Feoss, E., Der Zweiphasendruck mit Küpenfarbstoffen. Teil I. Theoretische Grundlagen und praktische Anwendung. Melliand Textilber. **45** (1964) 1, S. 67–70.
Heinze, W., Rationelle Dämpfmethoden zur Fixierung von Küpenfarbstoffen im Textildruck. Dt. Textiltechnik **14** (1964) 2, S. 86–91.
Schneider, R., Erfahrungen beim Bedrucken von Polyamidfaser-Gewirken. SVF Fachorgan Textilveredl., Basel **18** (1963) 12, S. 781–790.
Hinweise für das Bespannen von Filmdruckschablonen mit monofilen Nylongazen. Spinner, Weber, Textilveredlung **82** (1964) 1, S. 44–46.
Panjukin, I. I., Beljakova, V. I., Lisogorskaja, A. S., Färben von Kunstpelz auf Trikotagengrundlage mit Oxydationsfarbstoffen (Ursolfarbstoffen). Tekstil. Prom., Moskva (Textil-Ind.) **23** (1963) 12, S. 52–55.

Ausrüstung. Trocknung

McNeill, E., (Berichterstatter), Die Rolle von Bakterien bei der Entwicklung von Ausdünstungsgerüchen an Geweben). Amer. Dyestuff Rep. **52** (1963) 25, S. 87(P1010)–90(P1013).
Verwendung von Röntgenstrahlen zur Erzeugung von Moiré-Effekten. Man-made Textiles **41** (1964) 475, S. 37–39.
Pittman, A. G., Verwendung von 1-(Perfluoracyl)aziridinen auf Wolle. Textile Res. J. **33** (1963) 11, S. 953–955.
Schiecke, H. E., Die permanente Fixierung von Geweben aus Wolle. Z. ges. Textilind. **66** (1964) 1, S. 58–62.
Guthrie, J. D., Der Einfluß der Formaldehydkonzentration auf die in Baumwollcellulose eingeführten Vernetzungen. Textile Res. J. **33** (1963) 11, S. 955–958.
Wayland jr., R. L., (Berichterstatter), Der Einfluß von Verunreinigungen auf das wasserabweisende Verhalten von Geweben. Amer. Dyestuff Rep. **52** (1963) 26, S. 17(P1059)–25(P1067).
Gan, L. R., Für maschinelles Waschen geeignete gestrickte Wollbekleidung: Gestaltung von Gewebestrukturen zur Erfüllung spezifischer Anforderungen. Textile Res. J. **33** (1963) 11, S. 961–962.
Bitterli, W., Neue Erkenntnisse bei den Melafix-Verfahren, Z. ges. Textilind. **66** (1964) 1, S. 63–65.
5-Stern-Schaumstoffhersteller. Man-made Textiles **41** (1964) 475, S. 52, 54.
Borghetty, H. C., 25 Jahre Fortschritt auf dem Gebiete der Ausrüstung. Mod. Textiles Mag. **45** (1964) 1, S. 82, 84, 90, 112, 131.
Müller, A., Applikationsprobleme beim Ausrüsten von Webtrikots. SVF Fachorgan Textilveredl., Basel **18** (1963) 12, S. 752–757.
Attle, E., Lirelle, Courtaulds neue Hochmodul-Viscosefaser – Naßappretur in Mischungen mit Baumwolle. Mod. Textiles Mag. **45** (1964) 1, S. 116 bis 118.

Fedoreev, M. A., Einige Angaben über das intermittierende Abquetschverfahren für Garn auf Kreuzspulen. Tekstil. Prom., Moskva (Textil-Ind.) **23** (1963) 12, S. 73–77.
Modlich, H., Über einige Zusammenhänge von Fixierspannung und Gewebeeigenschaften beim Thermofixieren von Nylon 6. Textil-Praxis **19** (1964) 1, S. 74–80.
Whewell, C. S., Einige Aspekte der chemischen Ausrüstung von Wollstoffen. Textile Manuf. **90** (1964) 1070, S. 73–75.
Kačerovský, R., Harzausrüstungen der Textilien und Formaldehydgeruch. III. Textil, Praha **19** (1964) 1, S. 22–25. II: **18** (1963) 10, S. 381–383.
Sherwood, P. W., Schutz der Textilien vor ultraviolettem Abbau. Textile Manuf. **90** (1964) 1070, S. 54–55.
Gesteuerte Krumpfung in Rundstuhlware. Hosiery Times **37** (1964) 417, S. 47, 50.
Bergs, H., Die Kaschierung von Polyamid. Webtrikot mit Polyurethan-Schaumstoffen. SVF Fachorgan Textilveredl., Basel **18** (1963) 12, S. 796 bis 800.
Smith, W. F., Schaumstofflaminate — Klebemittel, Verfahren, Maschinen, Ausrüstungen usw. Textile Manuf. **90** (1964) 1070, S. 59–61.

Wäscherei. Chemische Reinigung

Venus, E., Gegenüberstellung des Zeitaufwandes beim Bearbeiten von kundeneigener Wäsche und Mietwäsche. Wäscherei **11** (1964) 1, S. 20–24.
Knofe, G., Arbeitsorganisation in kleineren und mittleren Wäschereien. Wäscherei **11** (1964) 1, S. 10–11.
Vieth, H., *Gliemann, M.*, Synthetische Fasern in der Textilreinigung. Wäscherei **11** (1964) 1, S. 2–5.
Vogel, R. B., Waschen und Nachbehandeln von Wirkwaren im ausgebreiteten Zustand. SVF Fachorgan Textilveredl., Basel **18** (1963) 12, S. 818 bis 820.

VIII. Werkstoffprüfung. Meß- und Prüftechnik. Standardisierung

Eigenschaften und Fehler der Textilmaterialien u. a.

Rawland, O., Ausbleichen der britischen Lichtechtheitsstandardmuster aus gefärbter Wolle in England: Einige Energiemessungen. J. Soc. Dyers Colourists **79** (1963) 12, S. 679–701, Diskussion S. 714–722.
Launer, H. F., Lichteinfluß auf Wolle. Teil III. Farbverlust durch Strahlungsnachwirkung im Dunkeln nach UV-Bestrahlung mittels „Germicidal"-Lampe. Textile Res. J. **33** (1963) 11, S. 910–918.
Mack, Ch. H., *Wade, C. P.*, Knittererholung und Feuchtigkeit. Textile Res. J. **33** (1963) 11, S. 958–959.
Ono, R., *Maeda, H.*, *Ishimoto, A.*, Der Bruch durch Ermüdung bei Kunstseidenreifencord durch wiederholtes Biegen. J. Soc. Textile Cellulose Ind., Japan **19** (1963) 11, S. 865–874 (jap., engl. Zusammenfass.).
Smith, Th. L., Zugfestigkeitseigenschaften von Elastomeren. I. Charakterisierung durch eine zeit- und temperaturunabhängige Enveloppe der Bruchpunkte. J. Polymer Sci., Part A **1** (1963) 12, S. 3597–3615.
Miró, P., Einige chemische Eigenschaften der braunen Wolle. Invest. Inform. textil, Barcelona **6** (1963) 4, S. 321–323.
Ovečenko, N. G., *Fedotov, G. V.*, *Pavlov, S. A.*, Strukturmechanische Eigenschaften nicht gewebter faseriger Foliensysteme. Izv. vysšich uč. Zav. Technol. legkoj Prom. (Hochschulnachr. Technol. Leicht-Ind.) (1963) 6, S. 32–38.
Svirskaja, O. D., *Ostrikov, M. S.*, Untersuchung der Schrumpfspannungen an einigen trocknenden Kunstfasern. Kolloid. Ž., Moskva **26** (1964) 1, S. 95–99.
Denby, E. F., *Andrews, M. W.*, Die Induktionsperiode von schrumpffesten Geweben. Textile Res. J. **33** (1963) 11, S. 959–960.
Kestel'man, V. N., Über die Abriebfestigkeit von Penton. Plastičeskie Massy, Moskva (Plast. Massen) (1963) 12, S. 60–61.
Nakamura, T., *Takemura, T.*, Untersuchungen über die Vergilbung von Tyrosin, Tryptophan und deren Lösungsmischungen durch Einwirkung von Licht. Teil I. J. Soc. Textile Cellulose Ind. Japan **19** (1963) 11, S. 894–899 (jap., engl. Zusammenfass.).
Salvin, V. S., Beziehungen der atmosphärischen Verunreinigungen und des Ozons zur Lichtechtheit. Amer. Dyestuff Rep. **53** (1964) 1, S. 33 (P 12) bis 41 (P 20).
Simonenko, N. A., Der Einfluß der Wickelstruktur auf die Eigenschaften der Vliesstoffe. Tekstil. Prom., Moskva (Textil-Ind.) **23** (1963) 12, S. 60 bis 62.
Fedotov, I. P., *Javorskij, B. M.*, Die dielektrischen Eigenschaften von metallisierten Geweben. Tekstil. Prom., Moskva (Textil-Ind.) **23** (1963) 12, S. 65–68.
Reißdehnung von Baumwollgarnen. Bull. Inst. Textile France **17** (1963) 109, S. 1127–1141.
Ballo, R., *Molnar, I.*, *Lakič, M.*, *Biro, O.*, Einfluß von Formaldehyd auf die Festigkeitseigenschaften von Polyamid. Acta chim. Acad. Sci. hung. **39** (1963) 2, S. 253–270.
Abbott, N. J., *Khoury, F.*, *Barish, L.*, Der Mechanismus der Gewebekrumpfung — die Rolle der Faserquellung. J. Textile Inst. **55** (1964) 1, S. T 111–T 127.
Zatloukal, M., Erforschung der Eigenschaften der Kleider aus dem Textilmaterial Protis. Textil, Praha **19** (1964) 1, S. 30–32.

Meß- und Prüftechnik

Richter, W., *Fischer, K.*, Verschiedene Verfahren zur Schätzung des Parameters einer Poissonschen Verteilung. Dt. Textiltechnik **14** (1964) 1, S. 39–43.
Różycki, A., Analyse der Dickeungleichmäßigkeit der Halbprodukte und des Garns mit Hilfe von Veränderlichkeitskurven. Technik włókienn. (Textiltechnik) **12** (1963) 10, S. 247–253.
Pahlitzsch, G., *Borchers, J.*, Über das Gleitverhalten von Fadenführungen. I. II. Melliand Textilber. **45** (1964) 1, S. 6–11; 2, S. 113–117.
Nettelnstroth, K., *Oldenroth, O.*, Beitrag zur Oberflächenstruktur der Baumwollfaser. Z. ges. Textilind. **66** (1964) 1, S. 48–49.
Jasińska, G., Methode zur Messung der Wasserdampfdurchlässigkeit durch Textilerzeugnisse und Schaumstofflaminate. Technik włókienn. (Textiltechnik) **12** (1963) 11, S. 306–308.
Thinius, K., *Schröder, E.*, *Gustke, A.*, Zur Kenntnis der Pyrolyse von Plasten in Gegenwart von Luft. Plaste u. Kautschuk **11** (1964) 2, S. 67–72.
Kehren, M., Zum Problem des Kupfergehaltes in Gummierungsware. Z. ges. Textilind. **66** (1964) 1, S. 65–70.
Ledwoch, K.-D., Die Analyse und Prüfung von Kunststoffen in der Zeitschriftenliteratur des Jahres 1962. II. Kunststoff-Rdsch. **10** (1963) 12, S. 609–613.
Powell, D., Bewertung des Digital-Fibrographen in der industriellen Anwendung. Invest. Inform. textil, Barcelona **6** (1963) 4, S. 325–331.
Vlad, I., *Vlad, E.*, Ein neues Verfahren für die Bestimmung der Ungleichmäßigkeiten des Feinheitsgrades der Baumwollfasern. Ind. textilă, București **14** (1963) 12, S. 556–560.
Pilz, G., Über das Verhältnis von Garn- und Zwirndrehung. Melliand Textilber. **45** (1964) 1, S. 24–25.
Wegener, W., *Bechlenberg, H.*, Torsionsprüfgerät für dynamische Daueruntersuchungen. Melliand Textilber. **45** (1964) 1, S. 21–24; 2, S. 121 bis 126, 154.
Mecheels, O., *Mecheels, J.*, *Preuß, H.-J.*, *Schuierer, M.*, Der Tensiograph, ein neues Gerät zur Messung des Ausbreitungsvermögens von flexiblen Flächengebilden aller Art. Melliand Textilber. **45** (1964) 2, S. 145–147.
Stanioch, W., Gerät für Farb- und Lumineszenzmessungen. Przeglad Elektrotechniczny, Warschau (1963) 9 (lag nicht vor). Ref.: Presse d. SU, Ausg. A, Berlin (1964) 10, S. 206–207.
Roper, H., *Bryden, J. G.*, Ein schreibendes Kombinationsgerät zur Bestimmung des Feuchtigkeitsgleichgewichtes und der Längenänderung. J. sic. Instruments **41** (1964) 2, S. 84–87.
Zatloukal, M., Tragversuche mit Hilfe der Vergleichsmethode. Ind. textilă, București **14** (1963) 12, S. 571–574.
Poluchin, V. P., *Zak, I. S.*, *Nikiforov, V. M.*, Abhängigkeit der Fadenspannung vom Krümmungsradius der zu umbiegenden Kontur. Izv. vysšich uč. Zav. Technol. legkoj Prom. (Hochschulnachr. Technol. Leicht-Ind.) (1963) 6, S. 83–88.
Ryžnikova, A. M., Über Methoden zur Bestimmung der Fadensenkung in zerschnittenen Geweben. Izv. vysšich uč. Zav. Technol. legkoj Prom. (Hochschulnachr. Technol. Leicht-Ind.) (1963) 6, S. 25–31.
Sommer, H., *Winkler, F.*, Die Bestimmung des Aufspringwinkels aus Messungen des Knittererholungswinkels. Melliand Textilber. **45** (1964) 2, S. 120–121.
Arachian, A., Neue Elemente für die Vereinheitlichung der Verfahren zur Bestimmung des Entspannungswinkels nach dem Knittern. Ind. textilă, București **14** (1963) 12, S. 567–570.
Lazarenko, V. M., Bestimmung der Biegesteifigkeit von Textilmaterialien. Izv. vysšich uč. Zav. Technol. legkoj Prom. (Hochschulnachr. Technol. Leicht-Ind.) (1963) 6, S. 20–24.
Chylewska, B., Messung des Drehungsmomentes und der Drehungssteifigkeit von Einfachgarn. Technik włókienn. (Textiltechnik) **12** (1963) 11, S. 288–290.
Henning, H.-J., *Hirtz, M.*, Notiz über das Ausmessen der Proben beim Waschtest mit Strickstücken. Melliand Textilber. **45** (1964) 2, S. 184 bis 187.
Frankenberg, H., Aus der Arbeit eines Prüfungsamtes. Schußbanden im Bouclémantelstoff. Melliand Textilber. **45** (1964) 2, S. 118–119.
Smith, J. C., *Fenstermaker, C. A.*, *Shouse, P. J.*, Spannungs-Dehnungs-Beziehungen in einer schnellen Stoßbelastung ausgesetzten Garnen. Teil X. Spannungs-Dehnungs-Kurven, die durch Stoßbelastungen mit Gewehrgeschossen erzielt wurden. Textile Res. J. **33** (1963) 11, S. 919 bis 934.
Lünenschloß, J., Prüfgeräte und Prüfmethoden der Wirkerei und Strickerei. Wirk.- u. Strick.-Technik **14** (1964) 1, S. 7–10.
Kaplun, A. B., *Makarova, O. P.*, *Solov'ev, A. N.*, Neue Vibrationsviskosimeter. Zavodsk. Labor, Moskva (Betriebslabor) **30** (1964) 1, S. 100–102.
Bresler, S. E., *Dobyčin, D. P.*, *Popov, A. G.*, Osmometer mit poröser Glasmembran. Vysokomol. Soed. (Hochmol. Verbind.) **6** (1964) 1, S. 22–27.
Barella, A., *Sust, A.*, Über eine neue Methode zur Messung der Feinheit und des Markstrahlgehaltes von Wolle. Bull. Inst. Textile France **17** (1963) 109, S. 1143–1164.
Wiechowski, W., *Vormann, N.*, Messung der Reflexion. ATM. Arch. techn. Messen ind. Meßtechnik (1963) 335 S. 273–276.
Beníšek, L., Bestimmung von Kupfer, Mangan und Eisen in Textilien. Textil, Praha **19** (1964) 1, S. 16–18.
Klutke, F., Leitfähigkeitstitration mit Hochfrequenz. ATM. Arch. techn. Messen ind. Meßtechnik (1963) 335, S. 281–282.
Knobil, H. E., Die Verwendung radioaktiver Isotope in der Textilindustrie. Prakt. Chemie, Wien **14** (1963) 1, S. 512, 514, 517.
Transportierbare Kontrollvorrichtungen für die Spinnerei und Weberei. Bull. Inst. Textile France **17** (1963) 109, S. 1191–1216.
Haefele, G., Geräte zur statistischen Auswertung von Meßergebnissen. ATM. Arch. techn. Messen ind. Meßtechnik (1963) 335, S. 285–288.
Wänke, H., Quasistetiger Zweipunkt-Temperaturregler Mitt. Inst. Textiltechnol. Chemiefasern. Rudolstadt **8** (1964) 1, S. 31–35.
Erbe, J., Erprobung von Teppichen aus Polyamidfaser. Mitt. Inst. Textiltechnol. Chemiefasern, Rudolstadt **8** (1964) 1, S. 12–22.
Sust, A., *Barella, A.*, Drehung, Durchmesser und Ungleichmäßigkeit der Garne, eine neue Betrachtungsweise. J. Textile Inst. **55** (1964) 1, S. T1 bis T8.
Sugier, H., Verfahren zur Fadenprobenentnahme. Bull. Inst. Textile France **17** (1963) 109, S. 1181–1188.
Riding, G., Kapillarfadenmigration in Einzelgarnen. J. Textile Inst. **55** (1964) 1, S. T9–T17.
Blum, O., Die Beurteilung von Elastikgeweben. Textil-Praxis **19** (1964) 1, S. 85–87.
Heger, A., Ein Verfahren zur Auswertung von Scheueruntersuchungen an textilen Flächengebilden durch β-Strahlenabsorption. Faserforsch. u. Textiltechnik **15** (1964) 3, S. 126–127.

IX. Betriebstechnik. Ökonomie. Tagungsberichte u. dgl. Sonderfragen

Hiebsch, C., Zu einigen ökonomischen Vorteilen der Meß- und Regelungstechnik in der Textilveredlung. Dt. Textiltechnik **14** (1964) 1, S. 35–38.

Ökonomie

Reinhold, E., Die Entwicklung der Produktivität und Qualität der Erzeugnisse in der Textil- und Bekleidungsindustrie der DDR. Dt. Textiltechnik **14** (1964) 1, S. 1–8.
Überblick über die Endanwendung von Textilfasern. Textile Organon **34** (1963) 12, S. 173–193.

31712

FSC
www.fsc.org
MIX
Papier | Fördert gute Waldnutzung
FSC® C083411

Zeitfracht Medien GmbH
Ferdinand-Jühlke-Straße 7
99095 Erfurt, Deutschland
produktsicherheit@kolibri360.de